Mohamed Najib El Boujaddaini

Comportement thermohydraulique des fluides frigoporteurs
diphasiques

AF272958

Mohamed Najib El Boujaddaini

Comportement thermohydraulique des fluides frigoporteurs diphasiques

Modélisation et étude expérimentale

Presses Académiques Francophones

Impressum / Mentions légales
Bibliografische Information der Deutschen Nationalbibliothek: Die Deutsche Nationalbibliothek verzeichnet diese Publikation in der Deutschen Nationalbibliografie; detaillierte bibliografische Daten sind im Internet über http://dnb.d-nb.de abrufbar.
Alle in diesem Buch genannten Marken und Produktnamen unterliegen warenzeichen-, marken- oder patentrechtlichem Schutz bzw. sind Warenzeichen oder eingetragene Warenzeichen der jeweiligen Inhaber. Die Wiedergabe von Marken, Produktnamen, Gebrauchsnamen, Handelsnamen, Warenbezeichnungen u.s.w. in diesem Werk berechtigt auch ohne besondere Kennzeichnung nicht zu der Annahme, dass solche Namen im Sinne der Warenzeichen- und Markenschutzgesetzgebung als frei zu betrachten wären und daher von jedermann benutzt werden dürften.

Information bibliographique publiée par la Deutsche Nationalbibliothek: La Deutsche Nationalbibliothek inscrit cette publication à la Deutsche Nationalbibliografie; des données bibliographiques détaillées sont disponibles sur internet à l'adresse http://dnb.d-nb.de.
Toutes marques et noms de produits mentionnés dans ce livre demeurent sous la protection des marques, des marques déposées et des brevets, et sont des marques ou des marques déposées de leurs détenteurs respectifs. L'utilisation des marques, noms de produits, noms communs, noms commerciaux, descriptions de produits, etc, même sans qu'ils soient mentionnés de façon particulière dans ce livre ne signifie en aucune façon que ces noms peuvent être utilisés sans restriction à l'égard de la législation pour la protection des marques et des marques déposées et pourraient donc être utilisés par quiconque.

Coverbild / Photo de couverture: www.ingimage.com

Verlag / Editeur:
Presses Académiques Francophones
ist ein Imprint der / est une marque déposée de
OmniScriptum GmbH & Co. KG
Heinrich-Böcking-Str. 6-8, 66121 Saarbrücken, Deutschland / Allemagne
Email: info@presses-academiques.com

Herstellung: siehe letzte Seite /
Impression: voir la dernière page
ISBN: 978-3-8416-2822-0

Comportement thermohydraulique des fluides frigoporteurs diphasiques

Modélisation et étude expérimentale

A mes adorables fils *Sami* et *Ouissam*

A mon épouse

A mes parents

A mes frères et soeurs

TABLE DES MATIERES

4

NOMENCLAURE

Lettres latines

a	largeur du canal	m
	diffusivité thermique	$m^2.s^{-1}$
A	surface	m^2
b	hauteur du canal	m
c_l	concentration volumique locale	
c_m	fraction massique en particules	
c_v	fraction volumique en particules	
c_{vm}	concentration volumique maximale	
C_p	capacité thermique massique sous pression constante	$J.kg^{-1}.K^{-1}$
d_p	diamètre d'une particule	m
D	diamètre intérieur du canal	m
D_C	coefficient de diffusion	$m^2.s^{-1}$
e	épaisseur de la plaque	m
	gradient de vitesse ($\partial u / \partial y$)	s^{-1}
f	coefficient de frottement	
F	intensité de transport	$m^2.s^{-1}$
F_L	facteur d'influence des conditions expérimentales	
g	accélération gravitationnelle	$m \cdot s^{-2}$
h	Enthalpie massique	$J.kg^{-1}$
j	flux énergétique normalisé aux frontières du volume fini	$m^2.K.\,s^{-1}$
J	flux énergétique normalisé par la capacité thermique volumique	$m.K.\,s^{-1}$
k	coefficient de consistance	$Pa \cdot s^n$
K	constante de maturation	
k_B	constante de Boltzmann	$J.k^{-1}$
L	longueur du canal	m
	longueur d'établissement	
L^*	longueur adimensionnelle	
L_f	chaleur latente de fusion	
m	masse	kg
$\dot{m}$	débit massique	$kg.s^{-1}$
n	nombre de mailles	
	index de loi en puissance	
N	nombre de particules par unité de volume	m^{-3}
$\dot{Q}$	flux thermique	W
r	rayon de courbure	m

7

r_c	rayon de congélation	m
r_{cd}	rayon du début de la congélation	m
r_p	rayon d'une particule	m
R	coordonnée radiale de la conduite	m
R_0	rayon interne de la conduite	m
R_f	rugosité	
R^2	coefficient de corrélation	
S	terme source	W.m^{-3}
S^*	terme source normalisé	K.s^{-1}
	$(S/(\rho_s.Cp_s))$	
t	temps	s
T	température	K
u	vitesse	m.s^{-1}
$\bar{u}$	vitesse moyenne	m.s^{-1}
V_D	vitesse de dépôt	m·s^{-1}
V_0	vitesse de dépôt finale	m·s^{-1}
w	vitesse limite	m·s^{-1}
x	position axiale	m
x^*	position axiale adimensionnelle	
y	position radiale	m
y_0	demi-épaisseur du canal	m

Lettres grecques

α	coefficient d'échange thermique convectif	W.m^{-2}.K^{-1}
β	coefficient	
γ	vitesse de cisaillement	s^{-1}
δ	épaisseur de la couche limite	m
δ_x	distance horizontale entre les centres de deux volumes de contrôle voisins	m
δ_y	distance verticale entre les centres de deux volumes de contrôle voisins	m
Δh	chaleur latente de changement de phase	J.kg^{-1}
ΔH	enthalpie	J
Δp	perte de pression	Pa
Δr_s	variation du rayon d'une particule à cause de la surfusion	m
Δt	pas de temps	S
ΔT	différence de température	K
ΔT_s	degré de surfusion	K
ΔT_p	gradient de température en paroi	K
Δx	longueur d'une cellule	m
Δy	hauteur d'une cellule	m

ε	rugosité de la paroi	m
ζ	coefficient de perte locale de pression	
θ	température	°C
λ	conductivité thermique	$W.m^{-1}.K^{-1}$
μ	viscosité dynamique	$Pa.s$
v	viscosité cinématique	$m^2.s^{-1}$
ξ_s	fraction massique de phase solide dans la particule du MCP	
ρ	masse volumique	$kg.m^{-3}$
τ	contrainte de cisaillement	Pa
τ_0	seuil de plasticité ou contrainte seuil	Pa
φ	densité de flux de chaleur	$W.m^{-2}$
Φ_p	flux de chaleur généré/absorbé par une particule	W

Nombres adimensionnels

Bi	nombre de Biot	$Bi = \dfrac{h_{pf}\, r_p}{\lambda_p}$
Ca	nombre de Casson	$Ca = \dfrac{D_h^{\,2}\rho\,\tau_C}{\mu_C^2}$
Gz	nombre de Graetz	$Gz = \dfrac{D_h Pe_{D_h}}{x}$
He	nombre de Hedström	$He = \dfrac{D_h^2\rho\,\tau_0}{\mu_B^2}$
Nu	nombre de Nusselt	$Nu = \dfrac{hD_h}{\lambda}$
Pe_p	nombre de Péclet d'une particule	$Pe = \dfrac{ed_p^2}{\alpha_f}$
Pe	nombre de Péclet d'écoulement	$Pe = Re\,Pr$
Re	nombre de Reynolds	$Re = \dfrac{\rho u D_h}{\mu}$
Ste	nombre de Stefan	$Ste = \dfrac{C_p \Delta T}{\Delta h}$

Indices inférieurs

a	Apparent
alc	alcool (éthanol)
B	Bingham
c	constant, changement de phase
C	Casson
crit	valeur critique
d	Dérive
	Diphasique
e	entrée, extérieur
f	fluide porteur
F	Fusion
FFM	fluide frigoporteur monophasique
g	Glissement
Gn	Gnielinski
h	Hydraulique
i	Initiale
i,j	coordonnées du maillage
k	phase k
l	Liquide
lin	Linéaire
loc	Local
m	Moyen
MCP	matériau à changement de phase
p	Particule
P	nœud de contrôle
Pe	Petukhov
pf	particule-fluide
PFF	point de fusion, final
PFI	point de fusion, initiale
r	Relative
s	suspension (particules+fluide porteur)
t	thermostat, thermique
th	Théorique
w, e, s, n	correspondantes aux frontières du volume fini (ouest, est, sud, nord)
w	Paroi
W, E, S, N	centres des volumes finis voisins (ouest, est, sud, nord)
x, y	coordonnées spatiales

Indices supérieurs

0	A l'instant t=0
k	pas d'itération
n	nouveau (le moment présent)
	indice de comportement

INTRODUCTION

Les secteurs du froid et de climatisation sont des domaines en pleine expansion non seulement dans les pays industrialisés, qui consacrent environ 15% d'énergie consommée à la production du froid (Mercier, 2005), mais aussi dans les pays en voie de développement.

La production du froid touche de nombreux domaines : l'industrie agroalimentaire, l'électronique, le confort de l'habitat... Ainsi, de grands axes de recherche et d'exploration ont été entamés pour développer les performances des machines de production de froid et des circuits de transport au milieu d'utilisation.

Aujourd'hui, pour produire du froid, le choix parmi les fluides frigorigènes est restreint, car les fluides frigorigènes classiques connus sous le nom de chlorofluorocarbones (CFC) et, dans une moindre mesure, les hydrochlorofluorocarbones (HCFC) sont responsables de la destruction de la couche d'ozone , ce qui constitue une menace de la vie sur terre.

Tous ces gaz, y compris les HFC, contribuent à l'accroissement de l'effet de serre, donc à une élévation dangereuse de la température globale de la planète. Une hausse continue de la température pourrait provoquer une fonte partielle des calottes polaires et donc une montée du niveau des mers.

En effet, tout au long de la période qui a suivi la conférence de Stockholm sur l'environnement humain, qui avait eu lieu en 1972, des pays du monde entier se sont réunis et ont travaillé ensemble pour l'amélioration de l'état de notre planète et des conditions de vie de ses habitants. En 1974, la communauté scientifique a commencé de se préoccuper de l'incidence de certains gaz frigorigènes sur la couche d'ozone. Sur le plan international, plusieurs conventions et protocoles ont été signés en vue de résoudre ce problème majeur d'échelle planétaire.

En 1987 le sommet de Montréal, ratifié par 160 pays, a promulgué l'arrêt de la fabrication de CFC. Les HFC (hydrofluorocarbone) prennent place dès 1995 comme produit de substitution. Ne contenant pas de chlore, ils n'ont pas d'action sur la couche d'ozone mais vont bientôt faire place à des produits chimiquement plus propres, car les HFC, contribuent à l'accroissement de l'effet de serre.

Au cours du sommet de la terre qui a eu lieu à Rio de Janeiro (Brésil) en 1992, la convention cadre des nations unies a été adoptée. Les objectifs de la convention sont la réduction et la stabilisation des émissions des gaz à effet de serre à leur niveau de l'année 1990. Cinq ans après, a eu lieu le protocole de Kyoto (1997), qui imposait la réduction globale des émissions des gaz à effet de serre de 5.2% sous le niveau de l'année 1990 pendant la première période d'engagement de 2008 à 2012 (Calm, 2002).

Les CFC, interdits de production depuis 1995, viennent à présent d'être interdits d'utilisation en maintenance. Ceci implique que les installations utilisant des CFC soient remplacées ou modifiées dès qu'un appoint de fluide sera nécessaire.

Pour les HCFC, les interdictions ne concernent dans l'immédiat que la fabrication d'équipements neufs, mais l'arrêt de leur production et leur interdiction générale d'utilisation, sont déjà programmés.

D'ici 2014, 70 % des installations frigorifiques devront être remplacées (Cemagref, juin 2004). Les gaz frigorigènes CFC, HCFC et le HFC seront totalement interdits d'être produit à partir de l'année 2030, ils vont être remplacés par des fluides tels que le propane, le butane, ou encore l'ammoniac, mais là aussi, des problèmes d'intoxication, de sécurité et de nuisance à l'environnement vont se poser (Reghem, 2002).

Des solutions alternatives sont nées dans le souci de réduire l'utilisation de ces types de fluides : alternatives d'autant plus prometteuses, qu'elles concilient la diminution de la charge en fluides frigorigènes dans les installations et l'obtention de rendements énergétiques plus intéressants.

Dans les réseaux de distribution de froid, sont apparus des Fluides Frigoporteurs Diphasiques (F.F.D.) qui permettent de stocker du froid par chaleur latente. Ces fluides ont donc la caractéristique de transporter une phase capable de changer d'état : cette phase, responsable du stockage

15

de froid, est communément appelée Matériau à Changement de Phase (M.C.P.). Jusqu'à présent, les recherches et les développements récents sur ce type de fluide se sont portés dans le domaine du froid négatif par le biais essentiellement de coulis de glace, formés à partir de solutions aqueuses (Demasles, 2002; Rios-Rojas ,2005 et Ionescu, 2008). Actuellement, le procédé de transport et de distribution de froid pour des températures positives, typiquement entre 5°C et 10°C, avec des F.F.D. à transition de phase solide-liquide n'est pas encore appliqué dans l'industrie.

Après les travaux d'Hélène Demasles (2002), de Carlos Rios-Rojas (2005) et de Constantin Ionescu (2008) réalisés au CETHIL de l'INSA de Lyon sur le coulis de glace stabilisée, nous avons mis au point un nouveau dispositif expérimental pour étudier le comportement thermohydraulique du coulis de paraffine, MCP à température de fusion positive.

Dans ses travaux, Constantin Ionescu (2008) avait élaboré un modèle pour étudier le comportement thermique du coulis de glace stabilisée dans un canal vertical de section rectangulaire en utilisant un terme source dans l'équation de l'énergie. Dans notre modèle qui vient compléter celui de Ionescu, nous avons utilisé la méthode de la capacité thermique équivalente pour l'étude du comportement thermique du FFD.

Les travaux réalisés dans le cadre de cette thèse constituent une étude thermique et hydraulique des coulis de paraffines pour une application à la climatisation. Ce travail couplant approche expérimentale et modélisation a pour objectif de caractériser le potentiel énergétique de ces fluides et d'apporter des réponses quant à leurs comportements thermohydrauliques au cours de leur refroidissement et réchauffement.

Le premier chapitre de cet ouvrage est consacré à l'étude bibliographique sur les fluides frigoporteurs. Cette étude présente les avantages des fluides frigoporteurs diphasiques par rapport aux fluides frigoporteurs monophasiques. Ensuite nous abordons les lois de comportement rhéologique des fluides, les types d'écoulement et les pertes de charge pour les fluides chargés en particules solides en suspension. Nous rappelons les corrélations de calcul pour les propriétés thermophysiques des corps purs et des mélanges diphasiques, ainsi que les équations les plus utilisées pour calculer les échanges thermiques. Finalement, le comportement thermo-rhéologique du coulis de paraffine dans les canaux à sections rectangulaires est analysé.

Le deuxième chapitre est divisé en cinq parties. La première est consacrée à la description du dispositif expérimental où nous présentons d'une manière détaillée les trois circuits qui composent l'installation expérimentale, tout en accordant plus d'attention aux échangeurs à plaques qui assurent la congélation et la décongélation du matériau à changement de phase. Ensuite nous faisons une description des dispositifs de mesures des températures, des pertes de pression, du débit massique, de la masse volumique et de la puissance électrique. Après l'explication de la méthodologie expérimentale dans la deuxième partie, nous présentons la validation du système de mesure dans les deux canaux froid et chaud.

Dans les deux dernières parties, nous présentons les résultats expérimentaux obtenus dans deux cas étudiés, d'abord ceux relatifs au fluide frigoporteur monophasique, ensuite ceux relatifs au fluide frigoporteur diphasique. Nous avons étudié la sensibilité du coefficient d'échange thermique à plusieurs paramètres physique. Cette étude nous a permis de proposer des corrélations de calcul pour le transfert thermique local et puis global.

Le troisième chapitre est dédié au développement d'un modèle théorique pour l'étude du comportement thermohydraulique du fluide frigoporteur étudié en écoulement laminaire dans un canal rectangulaire en position horizontale et en position verticale. Après la présentation des modèles existant, nous proposons notre propre modèle. Le modèle hydraulique abordé dans ce chapitre est basé sur l'approche du fluide équivalent «The mixture model » qui prend en compte la vitesse relative de glissement des particules solides suspendues par rapport au liquide porteur.

Nous terminons cette partie par une confrontation des résultats du modèle avec ceux expérimentaux, c'est-à-dire par une validation du modèle théorique pour les fluides monophasique et diphasique.

Enfin nous terminons par une conclusion générale.

CHAPITRE 1 : ETUDE BIBLIOGRAPHIQUE DES FLUIDES   FRIGOPORTEURS DIPHASIQUES

Dans ce premier chapitre, nous définirons dans un premier temps les fluides frigoporteurs en faisant la distinction entre les frigoporteurs monophasiques et diphasiques. Dans la deuxième partie, nous aborderons la description des fluides frigoporteurs diphasiques les plus utilisés tout en mettant en valeur l'intérêt des coulis de paraffine stabilisés. Enfin nous présenterons pour ces fluides les lois de comportements rhéologique et thermiques issues de la littérature.

1   Définition des fluides frigoporteurs

L'installation de base de production de froid à compression mécanique de vapeur (l'unité de froid) est composée essentiellement de quatre éléments principaux à savoir : le compresseur, le détendeur, le condenseur et l'évaporateur. Un fluide frigorigène entre sous forme liquide dans l'évaporateur, il s'évapore en absorbant la puissance calorifique du milieu ou du fluide à refroidir.

La distribution du froid produit peut se faire soit de manière directe soit indirecte.

➢ Systèmes de réfrigération directs

Le refroidissement est réalisé à l'aide d'une machine frigorifique dont l'évaporateur (producteur de froid) est directement placé sur le lieu d'utilisation du froid. Ces systèmes sont généralement peu coûteux et techniquement très fiables. Cependant, ils emploient le même fluide – le frigorigène – pour produire et transporter le froid de l'unité frigorifique centrale jusqu'aux postes d'utilisation. Par conséquent, ces systèmes utilisent des quantités importantes de fluide frigorigène et, dans le cas de fuites permanentes ou accidentelles pouvant engendrer des pertes élevées de fluide dont les conséquences pour l'environnement qui peuvent être conséquentes. En outre, ces charges en frigorigènes génèrent des frais élevés, car les nouveaux frigorigènes utilisés pour remplacer les CFC et HCFC sont plus coûteux.

➢ Systèmes de réfrigération indirects

L'unité de production de froid dite installation ou circuit primaire et le circuit de sa distribution (circuit secondaire) sont séparés. Le groupe de refroidissement primaire est confiné dans la salle des machines, ce qui permet de diminuer la quantité des fluides frigorigènes (dangereux) et de limiter les risques de pollution. Le froid produit par le circuit primaire, cédé au niveau de l'évaporateur, est transféré au circuit de refroidissement secondaire. Ce cycle de refroidissement contient le fluide frigoporteur qui est un fluide non toxique et non inflammable (neutre vis-à-vis de l'environnement) permettant de véhiculer l'énergie échangée à l'aide de pompes jusqu'aux points de demande de froid. Sur la figure1-1, nous présentons le schéma de ce type de circuit.

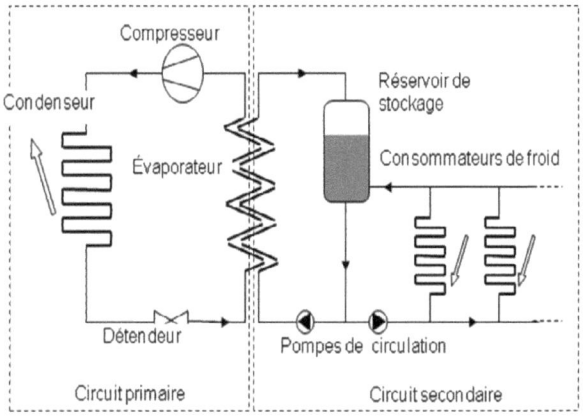

Figure 1-1 : Boucle classique de réfrigération secondaire

L'utilisation des installations indirectes de froid véhiculant des fluides frigoporteurs au lieu des fluides frigorigènes, permet de limiter les éventuelles actions néfaste sur l'environnement. L'utilisation de ce type d'installation doit prendre en compte les trois critères suivants :

Coût de l'installation, risque de fuites de fluide frigorigène et consommation énergétique.

Vis-à-vis de ces critères, l'utilisation des fluides frigoporteurs présente certains avantages parmi lesquels nous citons :

21

➤ La diminution de la quantité de fluide frigorigène contenue dans l'installation ;
➤ La limitation de l'utilisation du fluide frigorigène à la phase de production de froid ;
➤ Les risques de fuite restent limités.
➤ Le système indirect permet d'obtenir des températures plus stables sur le lieu d'utilisation.

Cependant cette technique ne présente pas que des avantages. En dehors des problèmes purement techniques (vieillissement du fluide frigoporteur et corrosion), les pompes supplémentaires de circulation et l'évaporateur génèrent un surcoût d'investissement et d'exploitation. Afin de limiter ces surcoûts, il est judicieux de sélectionner d'une manière pertinente le fluide frigoporteur.

Pour ce faire, il faut prendre en compte d'autres paramètres que les simples performances thermophysiques. Ainsi, le choix des fluides frigoporteurs repose sur plusieurs critères parmi lesquels (Schroder et Gawron , 1981) :

➤ Une gamme de températures adaptée à l'application désirée ;
➤ de bonnes propriétés thermophysiques qui permettent une capacité volumique de transport élevée ;
➤ des coefficients de transfert de chaleur élevés (permettant un faible écart de température dans les échangeurs) ;
➤ de faibles pertes de charge pour limiter la consommation d'énergie des pompes ;
➤ non toxicité pour l'environnement et ininflammabilité ;

22

➢ bonne stabilité chimique et absence d'aptitude à la corrosion ;

➢ abondant et de coût raisonnable ;

➢ sûr à l'emploi.

Les fluides frigoporteurs utilisés dans les systèmes de refroidissement sont répartis essentiellement en deux grandes familles : les fluides frigoporteurs monophasiques FFM et les fluides frigoporteurs diphasiques FFD.

1.1 Fluides frigoporteurs monophasiques

Les fluides frigoporteurs monophasiques restent actuellement les plus utilisés, ils sont caractérisés par leurs basses températures de congélation. Ce sont des substances pures ou des solutions aqueuses de sels (saumures) ou des mélanges organiques (éthylène glycol, propylène glycol, etc.).

Ils échangent avec le milieu à refroidir de la chaleur sous forme sensible, d'où un potentiel énergétique limité. Ces fluides sont faciles à employer à condition de bien choisir leur domaine d'utilisation. En effet, ils doivent être utilisés dans une plage de température pour laquelle le fluide reste liquide et peu visqueux pour diminuer la consommation des pompes en énergie. La capacité volumique de transfert d'un frigoporteur monophasique dépend à la fois de sa chaleur massique et de sa masse volumique. Plus ces deux valeurs sont grandes et plus, la capacité du fluide à véhiculer de l'énergie est intéressante. En revanche, la variation de la température d'un frigoporteur

23

monophasique est limitée. Pour transporter une grande quantité d'énergie, les conduites sont souvent de taille importante.

Malek (Malek, 1999) classe les fluides monophasiques en deux groupes :

- Les substances pures :
  - ➢ l'eau ;
  - ➢ les hydrocarbures liquides (n-hexane, n-heptane, …) ;
  - ➢ les dérivés chlorés des hydrocarbures (trichloroéthylène, dichlorométhane ou chlorure de méthylène, …) ;
  - ➢ les dérivés fluorés des hydrocarbures ;
  - ➢ les alcools simples (éthanol, méthanol) ;
  - ➢ les polyalcools (éthylène glycol, propylène glycol) ;
  - ➢ les autres composés organiques (cétones, huiles silicones, composés aromatiques).

- Les mélanges :
  - ➢ solutions aqueuses de sel (saumure de CaOH ou NaOH) ;
  - ➢ solutions aqueuses d'alcools simples ;
  - ➢ solutions aqueuses de polyalcools ;
  - ➢ solutions aqueuses d'autres composés (solutions ammoniacales, …).

L. Fournaison (Fournaison et Guilpart, 2000) et J. Guilpart (Guilpart et al., 1999) présentent les caractéristiques principales de certains fluides frigoporteurs (Tableau 1-1).

Les solutions aqueuses sont les plus employées car elles permettent d'abaisser la température de

24

congélation en fonction de la concentration en soluté.
Les solutés utilisés le plus fréquemment sont les
alcools et les sels

Liquide	Température de fusion °C	Température d'ébullition °C	$\rho\,Cp$ kJ.m^{-3}.K	Viscosité dynamique μ - Pa.s	Conductivité thermique λ - W.m^{-1}.K^{-1}	
Eau	0	100	4186	1 . 10^{-3}	0,604	
Acétone	-94,9	56,1	1762	0,32 . 10^{-3}	0,18 (20 °C)	* X
Ethanol	-114,5	78,3	1779	1,19 . 10^{-3}	0,18 (20 °C)	* X
Méthanol	-98	64,7	1884	0,58 . 10^{-3}	0,21 (20 °C)	* X
Propanol	-126,1	97,7	1779	0,224.10^{-3}	0,17 (20 °C)	* X
Trichlor -éthylène	-86,4	87,3	1369	0,62 . 10^{-3}	0,12 (0 °C)	X
Dichloro -méthane	-96	40	1507	0,44 . 10^{-3}	0,155 (0 °C)	X
n-pentane	-129,8	36,1	1428	0,196.10^{-3} (36 °C)	0,132 (20 °C)	*
iso-pentane	-159,9	27,8	1403	0,201.10^{-3} (28 °C)	0,103 (20 °C)	*
n-hexane	-95,3	68,7	1465	0,202.10^{-3} (68 °C)	0,139 (0 °C)	*
n-heptane	-90,6	98,5	1578	0,201.10^{-3} (98 °C)	0,139 (0 °C)	*
Solutions éthylène Glycol+eau					(à 20 °C)	
12 % EG	-5	>100 °C	4081	1,37 . 10^{-3}	0,54	
35 % EG	-21	>100 °C	3809	2,45 . 10^{-3}	0,46	
46 % EG	-33	>100 °C	3600	3,43 . 10^{-3}	0,43	
Solution Eau+CaCl$_2$					(à 0 °C)	
à 10 %	-6	>100 °C	3893	1,28 . 10^{-3}	0,553	
à 20 %	-17,4	>100 °C	3650	1,9 . 10^{-3}	0,542	
à 28,4 %	-43,6	>100 °C	3529	3,14 . 10^{-3}	0,528	

* : fluides combustibles   X : fluides toxiques

**Tableau 1-1 : Caractéristiques des fluides
frigoporteurs monophasiques (Fournaison, 2000)**

1.2 Fluides frigoporteurs diphasiques

Les fluides frigoporteurs diphasiques (FFD) sont
capables de véhiculer de l'énergie non seulement sous
forme sensible mais également sous forme latente et ils
présentent une très faible variation de la température.
L'utilisation de tels fluides permet d'obtenir une
densité énergétique plus élevée qu'avec un frigoporteur
monophasique, et d'envisager une réduction importante
de la taille de l'installation, notamment dans le
dimensionnement des conduites.

Les fluides frigoporteurs diphasiques sont de deux types : mélanges liquide-vapeur ou liquide-solide.

1.2.1 Frigoporteurs diphasiques liquide-gaz

Théoriquement, tous les fluides frigorigènes utilisés dans les installations frigorifiques peuvent être utilisés en tant que fluide frigoporteur diphasique liquide-gaz. En pratique, le CO_2 est très utilisé, sa chaleur latente de vaporisation est de 231,1 kJ.kg^{-1} à 0°C sous la pression 34,86 bar. On peut également citer la vapeur d'eau (100-200 °C, transportée à haute pression).

Les principaux avantages des frigoporteurs diphasiques liquide-gaz sont :

➢ Une très forte enthalpie massique de changement de phase : pour l'eau à 0°C sous 0,0612 bar l'enthalpie massique de vaporisation est 2500 kJ.kg^{-1} alors que celle de fusion est de 335 kJ.kg^{-1} à 0°C ;

➢ Une température constante délivrée à l'utilisateur lors du changement de phase ;

➢ de bons coefficients d'échange de chaleur à l'évaporation et à la condensation.

Les inconvénients de l'utilisation de ces frigoporteurs sont :

➢ Le volume important occupé par la phase gazeuse qui pose des problèmes de stockage et de dimensions des conduites. Pour l'eau le rapport des volumes massiques entre la phase gazeuse et la phase liquide est de l'ordre de 1600 ;

➢ Des risques de cavitation lorsque le frigoporteur à l'état gazeux ne se condense pas complètement. Le mélange liquide-vapeur le plus utilisé est le CO_2 qui se vaporise lors de son utilisation.

Les avantages de ce fluide sont la constance de la température du frigoporteur, des coefficients d'échange élevés, une faible viscosité et un faible coût. Par contre, les niveaux de pression de fonctionnement (25 bar à – 10 °C) nécessitent une conception particulière des circuits. Les conduites sont six fois plus petites qu'avec un frigoporteur monophasique à basse température. Le CO_2 est liquide à 100 % à l'entrée de l'échangeur d'utilisation du froid, ce qui permet d'optimiser la surface d'échange thermique.

Les diverses expériences pratiques effectuées, essentiellement avec du CO_2, font apparaître de nombreux inconvénients d'ordre technique (phénomène de cavitation des pompes, étanchéité du circuit sous pression) qui limitent l'utilisation de ce fluide.

1.2.2 Frigoporteurs diphasiques liquide-solide

Un fluides frigoporteur diphasique liquide-solide est composé de particules solides (MCP en général) en suspension dans une phase liquide dite phase porteuse. La phase solide constitue la phase la plus énergétique puisque l'énergie est principalement libérée sous forme de chaleur latente de fusion.

Parmi les frigoporteurs diphasiques liquide-solide,on citee :

Solutions pures :

➢ Solution d'eau et de glace (coulis de glace)

27

Mélanges :

➢ solutions aqueuses de sels (saumures liquides+glace) ;

➢ solutions aqueuses de composés organiques (solutions eau-éthanol +glace, ou solutions de glycérol, de glucose, de D-sorbito+glace).

Émulsions :

➢ Mélange d'eau et de tétradécane ;

➢ de paraffine, cire, etc.

Réactions chimiques :

➢ hydrates et chlorates de composés fluorés (réaction d'hydratation de composés organiques)

➢ réactions entre les particules solides en suspension et le liquide porteur.

Microcapsules de gel aqueux

Les frigoporteurs diphasiques seront traités en détail dans les paragraphes suivants. Nous allons aborder l'avantage de leur utilisation dans le transport et le stockage du froid, et nous citerons les différents types de FFD tout en mettant l'accent sur le nouveau FFD que représente le coulis de paraffine stabilisé.

1.3 Avantages des frigoporteurs diphasiques

Les principaux avantages des frigoporteurs diphasiques solide-liquide (FFD) par rapports aux frigoporteurs monophasiques (FFM) sont :

➢ La température du frigoporteur est quasiment constante en tout point du réseau de distribution de froid, ce qui garanti l'homogénéité des températures du coté de l'utilisation ;

- ➢ Une densité énergétique élevée qui permet de réduire fortement les débits véhiculés et par conséquent le diamètre des conduites ainsi que la puissance des pompes ;
- ➢ De bons coefficients d'échange thermique, ce qui permet de réduire la surface d'échange des postes d'utilisation et d'optimiser les systèmes de production et d'utilisation ;
- ➢ la possibilité de faire de l'accumulation de froid.

Le Tableau 1-2 résume les avantages des frigoporteurs diphasiques par rapport aux frigoporteurs monophasiques (Fournaison *et al.*, 2000)

	Monophasique	Diphasique
Densité	+	-
Chaleur massique	-	+
Enthalpie	-	+
Conductivité	-	+
Viscosité	-	+
Coefficient d'échange	-	+

Tableau 1-2 : Comparaison entre les caractéristiques des fluides monophasiques et diphasiques

1.4 Critères de choix d'un matériau à changement de phase

Le choix d'un matériau à changement de phase MCP est le résultat d'un compromis entre des propriétés thermophysiques, thermodynamiques, chimiques, physiologiques, économiques et réglementaires (Marvillet et al,1988) et (Duminil,1993). Les critères de choix du MCP sont (Schrôder et Gawron, 1981) :

➢ Une chaleur latente de changement de phase élevée ;
➢ Une température de changement d'état adaptée à l'application désirée ;
➢ Une faible pression de vapeur aux températures d'utilisation ;
➢ Une bonne stabilité chimique ;
➢ Ininflammabilité et non toxicité pour l'environnement et pour les produits refroidis ;
➢ Un mécanisme de cristallisation reproductible, sans dégradation après plusieurs cycles de fusion-solidification ;
➢ Une faible surfusion ;
➢ Une faible variation de volume lors de la fusion et de la cristallisation ;
➢ Une bonne conductivité thermique ;
➢ être abondant et peu coûteux.

Beaucoup de composés peuvent être envisagés comme MCP et plusieurs solutions sont souvent, a priori, possibles mais le fait de ne pas respecter un des critères énumérés ci-dessus peut les exclure. C'est pourquoi, nous ne donnons dans le tableau 1-3 que les grandes familles de corps généralement envisagés.

30

Famille	Domaine de température	Enthalpie de fusion (kJ·kg^{-1})
Eau ou solutions	Sous-ambiante	300 à 335
Paraffines	Ambiante ou subambiante	200
Composés organiques	Ambiante ou subambiante	200
Hydrates	Ambiante ou subambiante	200 à 250
Solide-solide	60 à 200 °C	150

Tableau 1-3 : Exemples de MCP (Dumas, 2002)

2 Fluides frigoporteurs diphasiques à transition de phase solide-liquide

2.1 Constitution

On suppose que tous les frigoporteurs de type solutions aqueuses utilisées en monophasique peuvent servir de mélange liquide-solide. Les fluides frigoporteurs diphasiques sont moins connus que les monophasiques mais leur emploi pourrait s'avérer plus intéressant. L'augmentation de la viscosité est compensée en partie par leur meilleure capacité thermique et leur coefficient d'échange élevé. Ils comportent un terme «sensible» lié à la variation de la température de la phase liquide (terme le plus faible) et un terme «latent» lié au changement d'état du frigoporteur (terme prépondérant) qui dans les cas les plus fréquent est du type liquide-solide.

Les fluides frigoporteurs diphasiques liquide-solide sont généralement des solutions aqueuses binaires (sel+eau ou alcool+eau) portées à une température inférieure à leur température de congélation. Ainsi, des cristaux de glace se forment et restent en suspension dans le liquide concentré en soluté. Ce mélange est caractérisé par sa concentration initiale en soluté et sa température de changement de phase. Dans la même catégorie on peut inclure les mélanges particules – fluide porteur.

2.2 Terminologie

Dans cette étude, une terminologie spécifique est utilisée. Ce paragraphe est destiné à la présentation de ces termes.

- *Particule* : regroupe l'ensemble des structures en suspension dans le fluide porteur (émulsions, cristaux de glace, gels organiques ou minéraux et microcapsules).
- *MCP* (Matériau à Changement de Phase) : le matériau dont l'état physique change à une température spécifique et cède ou reçoit une grande quantité d'énergie pendant ce processus.
- *Suspension* : un mélange dans lequel de fines particules sont suspendues dans un liquide où elles sont soutenues par flottabilité.

- *Microcapsule* : une structure de très petite dimension, qui inclut un MCP dans une enveloppe étanche.
- *Émulsion* : un mélange homogène de deux liquides qui ne se mélangent pas normalement.
- *Coulis de glace* : fines particules de glace dispersées dans une solution aqueuse.
- *Coulis de Glace Stabilisée* (CGS) : particule de gel organique qui englobe dans sa structure une grande quantité d'eau comme MCP. La dénomination a été donnée par le LBHP (Laboratoire de Biorhéologie et d'Hydrodynamique Physico-chimique – actuellement LMSC : Laboratoire Matière et Systèmes Complexes) – de l'Université Paris VII, qui l'a mis au point.
- *Coulis de paraffine :* Particules de gel organique dont le MCP est la paraffine Norpar 15 composée d'un mélange d'alcanes en proportions bien déterminées, en suspension dans l'eau.

2.3 Coulis de glace

Le coulis de glace est un mélange diphasique liquide-solide d'une solution aqueuse (d'éthanol, d'ammoniac, d'éthylène glycol ou de chlorure de calcium…) et de cristaux de glace en suspension dans la solution. Les cristaux de glace sont entraînés par la phase liquide du fluide frigoporteur.

L'éthanol est la substance la plus utilisée dans les coulis de glace, en fait, il est totalement miscible avec l'eau. La température de début de solidification dépend du titre d'alcool. La Figure 1-2 montre la courbe de solidification du mélange eau-éthanol. Le point

33

eutectique est localisé à 93,5 % en poids d'alcool ce qui correspond à une température de – 118 °C.

Par rapport aux frigoporteurs monophasiques, les coulis de glace présentent un certain nombre d'avantages :

➢ ils présentent en général une faible variation de la température au niveau du poste d'utilisation, ce qui permet de garantir une pseudo homogénéité des températures ;

➢ les coefficients de transferts thermiques sont, dans la plupart des cas, plus élevés que pour les frigoporteurs monophasiques. Ils permettent ainsi de diminuer la surface des échangeurs de chaleur ;

➢ leur densité énergétique est élevée, ce qui permet de diminuer la puissance de pompage et de réduire le diamètre des conduites.

La Figure 1-3 montre l'évolution des capacités thermiques apparentes de différentes solutions eau-éthanol (Ben Lakhdar, 1998). Sur le graphique on voit qu'à –10 °C, la capacité thermique à 15 % de titre alcoolique est 5 fois plus grande que celle d'un fluide monophasique, c'est-à-dire qu'un frigoporteur diphasique transporte 5 fois plus de froid qu'un frigoporteur monophasique pour le même débit et avec le même écart de température.

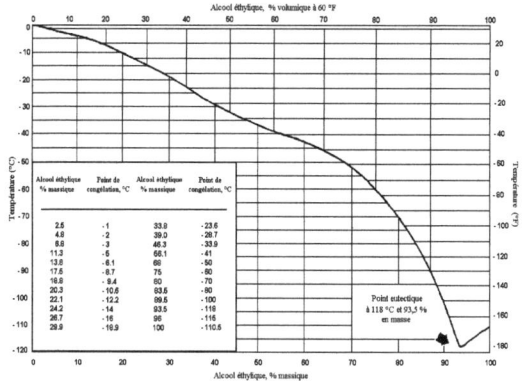

Figure 1-2 : Courbe de solidification du mélange
eau-éthanol (Bel, 1996 a)

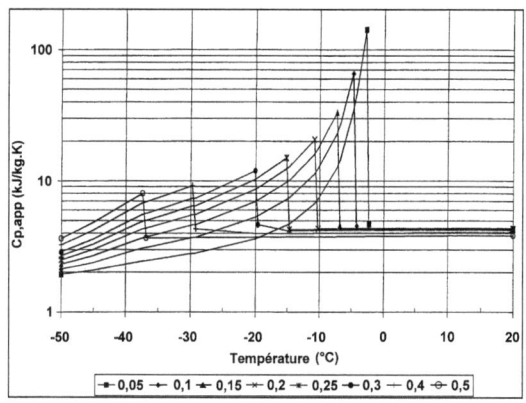

Figure 1-3 : Courbes isotitres de la variation de la
capacité thermique massique apparente (Ben
Lakhdar, 1998)

Le stockage du froid est aussi différent pour les
fluides diphasiques et pour les fluides monophasiques.
Le volume de stockage peut être nettement plus faible
en fluide diphasique. Or le stockage est très intéressant
car il permet la production du froid durant les horaires

35

à tarif électrique réduit et la réduction de la consommation aux heures de pointe.

2.3.1 Méthodes de production du coulis de glace

2.3.1.1 Générateur à surface raclée

Ces échangeurs (Figure 1-4) se composent d'un tube cylindrique (paroi d'échange) refroidi par un fluide frigorigène à l'intérieur duquel tourne un rotor cylindrique muni de lames. La rotation de l'arbre permet, par raclage, un renouvellement fréquent de la pellicule de glace qui se forme au contact de la paroi froide. Les particules de glace sont ainsi mises en suspension dans le frigoporteur. Le raclage peut engendrer des problèmes mécaniques et augmente le coût de l'installation. Un autre problème de ces générateurs est le contrôle de la taille des particules de glace générées.

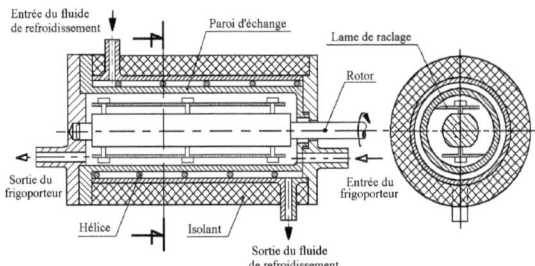

Figure 1-4 : Schéma d'un échangeur de chaleur à surface raclée (Ben Lakhdar, 1998)

2.3.1.2 Générateur de glace par film tombant

Le principe consiste à faire ruisseler la solution aqueuse sur la face externe de la paroi froide (Figure 1-5) Le fluide de refroidissement (frigorigène) circule à l'intérieur des plaques. Lorsque la cristallisation de la solution aqueuse se forme sur la paroi, la circulation du fluide de refroidissement est arrêtée. On fait alors circuler un fluide chaud sur la surface interne de la paroi et la couche de glace se détache de la paroi, chute dans un bac et est entraînée par le frigoporteur.

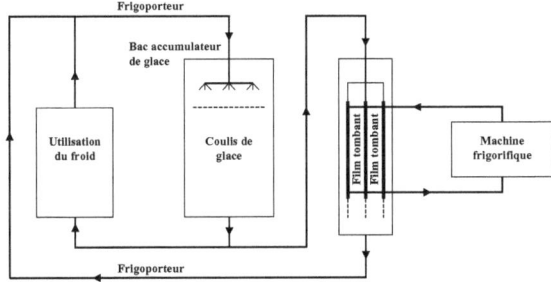

Figure 1-5 : Générateur de glace de type film tombant (Ben Lakhdar, 1998)

2.3.1.3 Générateur de glace par contact direct

Ce type de générateur utilise une solution aqueuse et un fluide frigoporteur ou plus généralement un fluide de refroidissement non miscible (Wijeysundera *et al.*, 2004). La glace est formée lorsque la solution aqueuse est mise en contact direct avec le fluide de refroidissement. Le principe est montré sur la Figure 1-6.

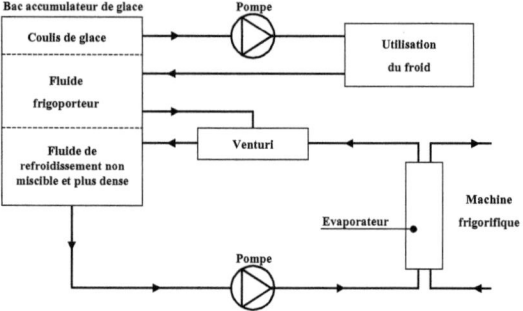

Figure 1-6 : Générateur de glace par contact direct

(Ben Lakhdar, 1998)

2.3.1.4 Générateur de glace à surfusion

La Figure 1-7 montre le principe d'un générateur de glace à surfusion. L'eau est refroidie en dessous de sa température théorique de solidification en utilisant le phénomène de surfusion. En utilisant un échangeur de chaleur multitubulaire l'eau peut être refroidie jusqu'à –4 °C à condition de bien choisir la taille des tubes et le type d'écoulement. Le taux de glace obtenu dépend directement du degré de surfusion (Bedecarrats *et al.*, 2000 ; Kozawa *et al.*, 2001 ; Inada *et al.*, 2001) .

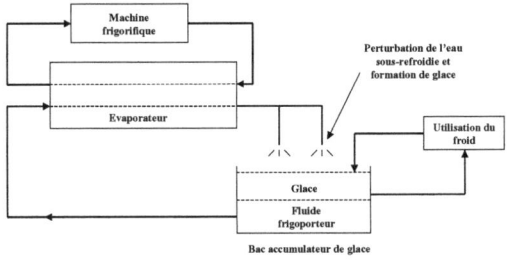

Figure 1-7 : Générateur de glace à surfusion (Ben Lakhdar, 1998)

2.3.1.5 Générateur de glace sous vide

La glace se forme dans le récipient de congélation grâce à l'évaporation de l'eau placée au voisinage de son point triple (0,006 bar et 0,01 °C). La vapeur formée est comprimée puis refroidie dans un condenseur (Figure 1-8). Une pompe à vide maintient la dépression, évacuant ainsi les gaz incondensables.

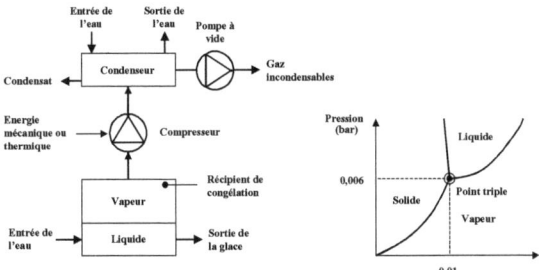

Figure 1-8 : Schéma d'un générateur de glace sous vide (Ben Lakhdar, 1998)

Kim et al. (Kim et al, 2001) ont effectué une étude théorique et expérimentale sur la production de coulis de glace par la méthode de pulvérisation d'eau sous vide. Les auteurs ont montré que les prévisions de leur modèle concordaient relativement bien avec les résultats expérimentaux de leurs essais où ils obtenaient des particules de glace à partir de gouttelettes dont la température initiale était de 20 °C et la taille de 50 µm, dans une chambre sous vide. A partir de l'analyse théorique de l'évaporation de gouttelettes, il est connu que la glace peut être produite par évaporation de l'eau en absorbant la chaleur latente contenue dans la gouttelette. Les conditions nécessaires pour produire ce phénomène sont : une gouttelette ayant une dimension suffisamment petite, un temps de séjour suffisant de la gouttelette dans la chambre et une pression dans la chambre suffisamment en dessous de la pression du point triple de l'eau. Les auteurs ont obtenu également un coulis de glace en pulvérisant les gouttelettes d'une solution aqueuse d'éthylène glycol (à 7 %) dans une chambre sous vide avec maintien de la pression en dessous du point de congélation de la solution.

2.3.1.6 Génération de glace par ultra-sons

Une autre méthode pour obtenir des coulis de glace a été proposée par Zhang (Zhang, 2001). Le principe est d'utiliser des vibrations ultrasonores pour provoquer le changement de phase eau surfondue – glace. Ils ont observé que les vibrations ultrasonores peuvent produire une forte densité de cristaux de glace dans l'eau surfondue dans une période de temps très courte. Ce changement de phase eau surfondue – glace est déclenché principalement par cavitation acoustique.

Ainsi, la probabilité du changement de phase produit par vibrations ultrasonores augmente avec l'augmentation du nombre total de centres de nucléation, indépendamment du degré de surfusion.

2.3.2 Avantages de la technologie des coulis de glace

L'utilisation de ce type de frigoporteur présente les avantages potentiels suivants (Bel et Lallemand, 1999a ; Egolf et Kauffeld, 2005) :

➢ le fluide se comporte presque comme un liquide et peut être pompé ou stocké dans un réservoir ;

➢ la capacité d'énergie du coulis de glace par unité de volume est plus grande que celle de l'eau grâce au changement de phase des particules de glace, ce qui conduit à une réduction des débits de refroidissement significative comparativement avec l'eau, donc une consommation énergétique des pompes plus faible ;

➢ possibilité de profiter d'une électricité moins coûteuse durant la nuit par stockage ;

➢ plus faibles quantités de frigorigène dans les circuits primaires ;

➢ liquide complètement sûr et inoffensif vis-à-vis de l'environnement.

Ces avantages rendent les systèmes à coulis de glace très attrayants du point de vue technique et économique.

2.3.3 Inconvénients et limites des coulis de glace

Les systèmes à coulis de glace présentent également quelques inconvénients significatifs par rapport aux systèmes à détente directe, énumérés ci-après (Egolf, 2004) :

➢ nécessité d'un échangeur de chaleur supplémentaire entre le système frigorifique primaire et le système secondaire ;

➢ nécessité d'une pompe supplémentaire et de la consommation d'énergie associée ;

➢ nécessité d'un système de contrôle et de suivi de la qualité du coulis de glace ;

➢ inadaptation au conditionnement d'air sauf lorsque l'économie offerte par cette technologie compense la contrainte thermodynamique due au refroidissement en dessous de 0 °C pour assurer seulement un refroidissement à 12-14 °C.

Les derniers points cités ont menés au développement d'autres MCP dont le point de fusion peut être ajusté aux exigences dictées par l'application visée.

2.4 Coulis de glace stabilisée

2.4.1 Constitution

Le coulis de glace stabilisée est constitué de particules en suspension dans un liquide (Flaud *et al.*, 1985, cité par Royon, 1992). La dénomination de «glace stabilisée» vient du fait que le MCP (eau qui change l'état liquide - glace) est confiné dans un réseau de polymère enchevêtré (Figure 1-9). L'ensemble polymère + eau constitue un gel.

Lorsque la glace fond, cette matrice tridimensionnelle de polymère formant un gel permet de conserver intégralement l'eau même lors du changement d'état. Nous sommes alors en présence de petites particules d'eau stabilisées. Pour constituer le fluide, ces particules de glace ou d'eau et de polymère sont dispersées dans une phase organique, non miscible qui répond aux critères suivants : faible viscosité, température d'ébullition élevée, chaleur massique élevée, ininflammabilité, non-toxicité et faible coût.

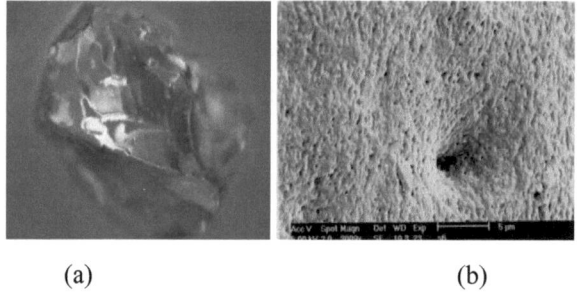

(a)   (b)

Figure 1-9 : Particule de coulis de glace stabilisé : (a) vue d'ensemble ; (b) vue microscopique de la surface

2.4.2 Processus de fabrication (Royon, 1992)

Au début, un mélange de deux solutions-mères est préparé : une solution d'acrylamide et de bisacrylamide, et une solution-start (persulphate de potassium). Ce mélange est maintenu à une température de 313 K, la polymérisation étant complète après 12 heures. En modifiant le processus de fabrication on peut obtenir des particules ayant

43

différentes formes et différentes dimensions. Les particules utilisées dans notre étude ont des dimensions comprises entre 0,4 et 1,8 mm. La particule finale a une concentration en eau voisine de 90 %. La matrice polymère correspondant aux 10 % restant, permet de conférer à la particule un aspect solide sur l'ensemble de la gamme de température d'utilisation (-20 °C à 20 °C) sans aucune dégradation. Le matériau obtenu a la consistance d'un gel, est transparent et non-toxique.

Pour empêcher l'exsudation de l'eau, la dispersion des particules dans un liquide organique est nécessaire. Le choix du fluide porteur doit être fait avec beaucoup d'attention parce qu'il constitue la plus grande fraction de l'écoulement et il représente l'intermédiaire pour le transfert thermique entre la phase dispersée et les surfaces des échangeurs de chaleur.

Le CGS (coulis de glace stabilisée) doit satisfaire à deux contraintes contradictoires : maximum d'eau pour une capacité thermique élevé et maximum de polymère pour une meilleure rigidité ; une particule ayant un contenu de 90 % d'eau est un bon compromis.

2.5 Microémulsions

Les microémulsions sont des mélanges liquides d'huile, d'eau et d'un agent tensioactif, combiné à un surfactant, ces mélanges sont clairs, stables, isotropes. La phase aqueuse peut contenir des sels et/ou d'autres ingrédients, et l'huile peut être un mélange complexe de différents hydrocarbures (paraffine) et oléfines. Contrairement aux émulsions ordinaires, les microémulsions se forment sur le mélange simple des composants et n'exigent pas des conditions élevées de cisaillement généralement utilisées dans la formation des émulsions ordinaires.

2.5.1 Méthode de fabrication

L'eau et la paraffine (n-alcane) liquide ne sont pas miscibles. Par dispersion de fines particules du n-alcane dans l'eau, on peut produire une émulsion. Cependant, le mélange eau-particules de n-alcane est thermodynamiquement instable ; une petite quantité d'émulsifiant est ajoutée pour la stabilisation de l'émulsion. L'émulsion obtenue est composée par le n-alcane qui forme la phase dispersée et l'eau qui forme la phase continue. La molécule d'émulsifiant est constituée d'une tête hydrophile et d'une fin hydrophobe (Figure 1-10). La quantité d'émulsifiant détermine la taille des particules de paraffine.

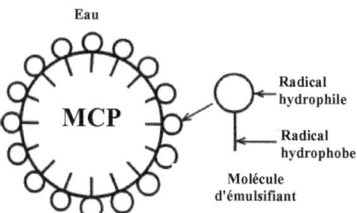

Figure 1-10 : Structure des micelles autour d'un MCP

La stabilité et la fluidité de l'émulsion sont réalisées en contrecarrant la conglomération et l'adhésion des particules de n-alcane à la paroi à l'aide de l'émulsifiant qui permet de réaliser une couche fine lubrifiante sur le pourtour de la particule.

2.5.2 Propriétés thermo-physiques

La particule de paraffine utilisée comme MCP est constituée de longues chaînes moléculaires de groupes CH_2, avec un groupe CH_3 à chaque extrémité (n-alcane). La longueur de la chaîne donne la température de fusion de la particule. Ainsi, plus la chaîne est grande, plus la température est élevée.

L'agent tensioactif constitue une couche mince (2-5 nm d'épaisseur) autour d'une particule (Inaba et al., 2003). Il garde la fluidité et est stable lors du changement de phase du MCP. La résistance thermique de l'agent tensioactif de polymère peut être négligeable.

Les propriétés thermo-physiques d'un mélange d'hydrocarbures aliphatiques utilisable en climatisation (n-alcane) par rapport à celles de l'eau sont présentées dans le tableau 1-4 (Royon et al, 1998).

La concentration maximum en MCP dans l'eau pour les microémulsions est de 50 % environ, mais la viscosité importante du mélange entraîne de fortes pertes de charge. De plus, ces dernières sont différentes suivant que le MCP est à l'état liquide ou à l'état solide. La stabilité des microémulsions à long terme dans les circuits pose également problème. Enfin signalons que les particules de MCP sont en général suffisamment petites pour entraîner une surfusion gênante

46

Propriétés des matériaux	n-Alcanes	Eau
Température de fusion (°C)	9,5	0
Chaleur latente de fusion (kJ·kg^{-1})	157	330
Masse volumique à 20 °C (kg·m^{-3})	812	998
Chaleur massique à 15 °C (kJ· kg^{1}·K^{1})	2,1	4,18

Tableau 1-4 : Propriétés thermo-physiques d'un mélange d'alcanes et de l'eau

Parmi tous les composants organiques utilisés dans le domaine du conditionnement d'air, certains alcanes ont une température de fusion de l'ordre de 10 °C, une chaleur latente élevée, un processus stable de fusion/décongélation, un effet corrosif faible sur les matériaux métalliques des réservoirs et un prix acceptable.

2.6 Microencapsulations

La microencapsulation est une méthode de conditionnement d'un MCP dans un liquide par interposition d'une membrane continue. Il existe trois méthodes pour produire des microcapsules (Demasles, 2002) :

- les procédés physiques : coacervation (séparation de phases), évaporation d'un solvant dans une émulsion ;
- les procédés chimiques : polymérisation inter-faciale, polymérisation ou réticulation d'une émulsion ;

- les procédés mécaniques : pressage + enrobage, séchage d'une pulvérisation.

La méthode la plus utilisée pour la fabrication des microcapsules est la séparation de phases (Inaba, 2000). Les microcapsules à chaleur latente sont produites par solidification de l'enveloppe qui se forme autour d'une gouttelette de MCP dans un processus de refroidissement. La Figure 1-11 montre les domaines de tailles des particules obtenues en utilisant les différentes méthodes d'encapsulation.

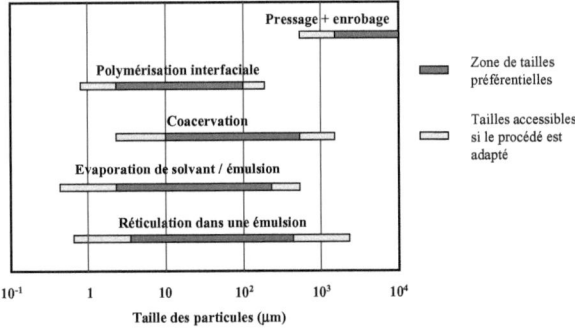

Figure 1-11 : Taille de particules pour les différentes méthodes d'encapsulation (Demasles, 2002)

La méthode la plus utilisée pour la fabrication des microcapsules est la séparation de phases (Inaba, 2000). Les microcapsules à chaleur latente sont produites par solidification de l'enveloppe qui se forme autour d'une gouttelette de MCP dans un processus de refroidissement.

Certains n-alcanes de poids moléculaires différents (points de fusion différents) sont généralement utilisés

48

comme matériau à changement de phase solide-liquide encapsulé dans des microcapsules pour le conditionnement d'air et le stockage de chaleur. L'enveloppe est constituée par des films minces doubles ; le film extérieur est un polymère hydrophile comme le polystyrène et le polyamide alors que le film intérieur est un polymère hydrophobe comme les fluorures (Figure 1-12). Pour que la dispersion des microcapsules dans l'eau soit stable, le diamètre moyen de ces microcapsules est fixé dans la gamme de 1 à 5 mm et quelques surfactants sont ajoutés dans l'eau comme agent dispersant. La résistance mécanique des microcapsules est fonction de l'épaisseur des films de l'ordre de 2 à 10 nm. La résistance thermique correspondante est ainsi très petite.

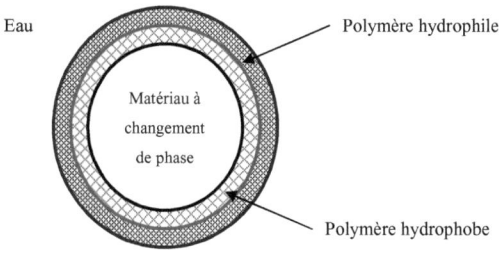

Figure 1-12 : Microcapsule à double couche (Inaba, 2000)

2.7 *Hydrates de gaz*

Les hydrates (clathrates) de gaz sont des coulis encore en cours d'étude. Ce sont des particules

constituées de molécules de gaz à basse température
d'ébullition (CFC, HCFC, butane, propane...)
emprisonnées dans une «cage» formée de molécules
d'eau (molécule hôte), le tout formant une structure
représentée sur la Figure 1-13

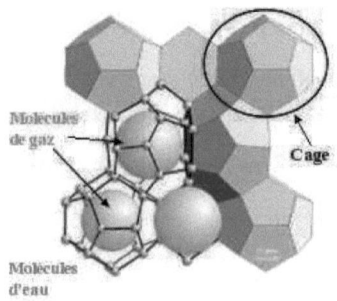

Figure 1-13 : Structure d'un clathrate (Cemagref)

L'eau et le gaz peuvent être séparés par
réchauffement au-delà d'une certaine température, la
chaleur de réaction étant bien plus grande que celle de
fusion de la glace. Dans le cas d'un hydrate de CO_2 par
exemple, l'enthalpie de dissociation est de l'ordre de
500 kJ.kg^{-1}, est nettement supérieure à celle de l'eau
(chaleur latente de fusion de la glace 330 kJ.kg^{-1})
(Marinhas et al. , 2006 a).

Les particules de clathrates se présentent sous la
forme de sphères d'un diamètre compris entre 5 et 50
µm. Le mélange de ces particules solides et d'eau
liquide donne un fluide qui peut parfaitement être
transporté dans une canalisation (Marinhas et al. , 2006
b).

2.8 Coulis de paraffine

Les matériaux à changement de phase MCP sont très utilisés dans le domaine du froid industriel et de la climatisation, ils possèdent de grandes capacités de stockage et de transport du froid grâce à leur chaleur latente de changement de phase.

Les coulis de glace (classiques et stabilisés) sont largement utilisés dans le cas de la production et de la distribution de froid à des températures négatives. L'industrie agroalimentaire, les entrepôts frigorifiques et les supermarchés utilisent ces fluides frigoporteurs diphasiques (FFD) mais ils sont très peu adaptés au conditionnement d'air et à la climatisation à cause des températures négatives de changement de phase ce qui entraîne des répercutions sur les performances de la machine frigorifique.

Les coulis de paraffine sont des fluides frigoporteurs diphasiques constitués de particules millimétriques de paraffine, stabilisées dans une matrice poreuse en polymère organique et suspendues dans l'eau.

Les coulis de paraffine constituent un meilleur substituant, car ces nouveaux FFD présentent des températures de changement de phase positives, ils correspondent aux plages de températures usuelles de la climatisation de l'ordre de 7 à 12°C.

2.8.1 Choix de la paraffine

L'élément à changement de phase utilisé pour concevoir le M.C.P. est une paraffine de la famille des n-alcanes. Les n-alcanes sont des hydrocarbures saturés ; leurs formules brutes s'écrivent C_nH_{2n+2}. Un certain nombre de ces n-alcanes sont présentés dans le Tableau. 1-5. Ce tableau présente les principales propriétés thermophysiques de n-alcanes (Lide, 2008) dont les points de fusion situé entre -5°C et +32,1°C.

Leurs chaleurs latentes de fusion présentent une sorte d'alternance de valeurs, suivant la parité du nombre d'atomes de carbone (Figure 1-14). D'après les données recueillies dans la littérature (Espeau et al., 1996), cette divergence des chaleurs latentes de fusion-cristallisation entre les n-alcanes à nombre pair d'atomes de carbone et ceux à nombre impair, viendrait du fait que les transitions solide-liquide pour les chaînes carbonées à nombre impair d'atomes de carbones passerait la transition par une phase intermédiaire solide-solide ce qui abaisse la valeur de l'enthalpie de fusion de ces n-alcanes par rapport à leurs "voisins" pairs. Pour les applications envisagées de climatisation se sont le tétradécane et le pentadécane qui présentent les températures de fusion les plus favorables

	Masse volumique en kg.m^{-3} à 20°C	Point d'ébullition en °C	Température de fusion en °C	Chaleur latente de fusion en kJ.kg^{-1}	Chaleur massique en kJ.kg^{-1}.K^{-1} à 20°C	Conductivité thermique en W.m^{-1}.K^{-1} à 25°C
n-tridécane $C_{13}H_{28}$	755	235,4	-5,0	154,5	2,091	0,130
n-tétradécane $C_{14}H_{30}$	763	235,6	5,8	227	2,082	0,139
n-pentadécane $C_{15}H_{32}$	769	270,6	9,7	162,8	2,082	-
n-hexadécane $C_{16}H_{34}$	773	286,8	18,0	235,5	2,078	0,140
n-heptadécane $C_{17}H_{36}$	778	301,8	22,0	166,9	2,078	-
n-octadécane $C_{18}H_{38}$	782	316,1	28,0	241,2	2,074	-
n-nonadécane $C_{19}H_{40}$	786	329,7	32,1	169,8	2,074	-

Tableau 1-5 : Propriétés des n-alcanes

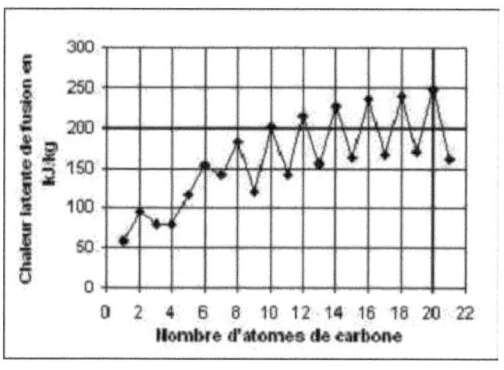

Figure 1-14 : Chaleur latente de fusion en fonction de la parité du nombre d'atomes de carbone

La masse volumique des n-alcanes considérés se situe entre 755 kg.m^{-3} et 786 kg.m^{-3} à 20 °C, se sont des densités relativement éloignées de celle de l'eau, qui rappelons le, sera le fluide correspondant à la phase de transport du M.C.P. Les masses volumiques du tétradécane et du pentadécane à 4°C sont données en

53

phase Solide par Trinquet (Trinquet et al. 2008), qui a fait des essais en laboratoire en utilisant un pycnomètre. La valeur expérimentale retenue pour la densité de chacun des deux produits est de855 kg.m^{-3}. La densité de ces paraffines est donc plus importante en phase solide qu'en phase liquide ce qui va avoir une incidence sur la flottabilité des particules lors du changement de phase.

La capacité massique du tétradécane et du pentadécane est environ deux fois plus faible que celle de l'eau : 2,082 kJ.kg^{-1}.K^{-1} à 20°C. L'utilisation de ces paraffines pures se heurtant à des problèmes de coût et de disponibilité, nous choisirons, pour réaliser le M.C.P., un produit industriel fabriqué par EXXON et dont l'appellation commerciale est : *NORPAR®15*.

2.8.2 Caractéristiques du Norpar®15

Une analyse spectrométrique a montré que le Norpar®15 est un mélange de 5 paraffines :
le tétradecane C14 (33 %), le pentadecane C15 (43 %), l'hexadecane C16 (17 %), l'heptadecane C17 (5 %) et l'octadecane C18 (2 %).

Les composés principaux : tétradécane $C_{14}H_{30}$, pentadécane $C_{15}H_{32}$, et hexadécane $C_{16}H_{34}$ ont des températures de changement d'état respectivement de 5,8°C, 9,7°C et 18°C. Ainsi, la température de changement d'état solide-liquide, donnée par le constructeur de l'ordre de 7°C est très approximative.

Un test en D.S.C (Differential Scanning Calorimetry) (calorimètre à analyse différentielle) a été effectué par Trinquet pour évaluer la valeur de la chaleur massique du matériau C_p. Celle-ci évolue fortement pour une rampe de 1°C/min sur une plage de température allant de -30°C à 25°C, comme le montre la D.S.C. sur la Figure 1-15.Une transition de phases qui s'étale sur plusieurs degrés Celsius apparaît. Cet étalement s'explique notamment par sa composition (ce n'est pas un corps pure) et sa faible valeur de conductivité thermique.

Le pic caractéristique du point de changement de phase (passage solide-liquide) est donné à 7,52 °C, l'enthalpie massique de fusion du matériau est de 142,45 kJ.kg^{-1}.Enfin les valeurs du Cp sont de l'ordre de celles données par les n-alcanes seuls c'est à dire 2,09 kJ.kg^{-1}.K^{-1} dans la partie linéaire d'évolution du Cp après le point de fusion (> 10°C).

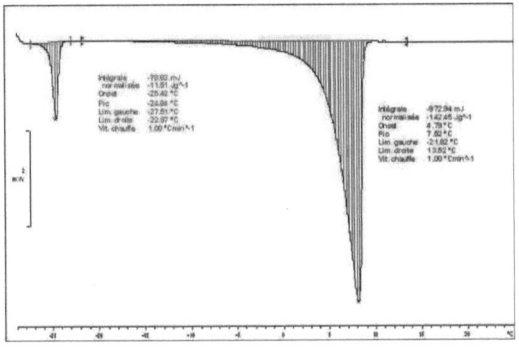

Figure 1-15 : Thermogramme du Norpar®15

Le pic observé autour de -25°C correspond à un changement d'état solide-solide absorbant une énergie de 11,51 kJ.kg^{-1}. Il correspond, comme dans le cas des n-alcanes à nombres pairs d'atomes de carbones, à une transition solide-solide. Le mélange de n-alcanes qu'il soit pair-pair, impair-impair ou bien pair-impair (en terme de nombre d'atomes de carbones) présente systématiquement l'apparition d'au moins une transition solide-solide supplémentaire ce qui abaisse le potentiel énergétique de passage solide-liquide (P. Espeau et al ,1996)

La conductivité thermique du **Norpar®15** n'est pas fournie. On peut néanmoins supposer que celle-ci est proche des valeurs de conductivités thermiques recensées pour les n-alcanes, c'est à dire autour de 0,14 W.m^{-1}.K^{-1} à 25°C.

Le **Norpar®15** présente une masse volumique de 772 kg.m^{-3} à 15°C, son point initial d'ébullition est de 249°C.

2.8.3 Gel polymérique

Le polymère à utiliser pour réaliser le MCP doit être choisit de façon qu'il soit un produit compatible avec la phase organique (paraffine), capable de la gélifier et de former un matériau final susceptible de conserver l'aspect d'un solide quel que soit l'état physique (liquide ou solide) de la paraffine.

Un grand nombre d'essais ont été réalisés par Trinquet sur plusieurs produits au laboratoire Matériaux et Systèmes Complexes de l'Université Paris VII (LMSC).Cette étude a permis d'opter pour un polymère tribloc de type styrène-butadiène-styrène de haut poids moléculaire (HPM). La fabrication du matériau est néanmoins difficile car elle nécessite de développer un procédé à haute température (>180°C). L'utilisation du même polymère de bas poids moléculaire (BPM) permet de réaliser un produit similaire à des températures plus basses (120°C).

Les polymères triblocs sont constitués de deux blocs de polystyrènes en bout de chaîne et d'un bloc de polyéthylène/polybutadiène au milieu de la chaîne (Figure 1-16).

Polystyrène – Polyéthylène/Polybutadiène – Polystyrène

Figure 1-16 : Polymères triblocs

Ce type de polymère tribloc est utilisé pour la fabrication de matériaux composites utilisés comme résines, bitumes, plastiques... Ils font partie de la famille des élastomères thermoplastiques, avec la caractéristique que les brins de polystyrènes forment les points d'ancrage et les chaines de polyéthylène/polybutadiène le lien élastique entre ces derniers dans la matrice.

La différence entre polymère HPM et BPM ne réside pas dans la nature des trois blocs de polymère qui les constituent mais dans le nombre de monomères présents dans la chaîne de polymères triblocs.

Un protocole de réalisation de ce complexe à changement de phase a été recherché au LMSC en mélangeant à haute température la paraffine et le polymère. Après l'obtention d'un mélange homogène sous agitation, le mélange est refroidi progressivement jusqu'à la température ambiante. Des échantillons de différentes concentrations en polymère (5 %, 10 %, 15 %, 20 %, 25 %, 30 %) ont été ainsi réalisés puis étudiés sur le plan de l'exsudation pour des températures contrôlées entre 20°C et-15°C.

Les résultats des essais mécaniques et thermiques ont permis d'identifier une concentration minimale en polymère de 25 % à mettre en œuvre pour que le matériau n'exsude pas lors de cycles de fusion-cristallisation.

Le M.C.P. est donc réalisé avec un ratio de 25% de polymère tribloc à base de styrène B.P.M. ou H.P.M. et

75% de paraffine (Norpar®15). Le polymère sert à gélifier la paraffine, c'est-à-dire à emprisonner celle-ci au sein d'une matrice poreuse (Figure 1-17).

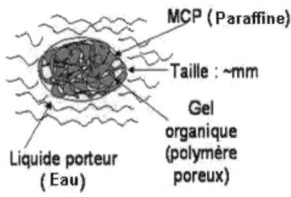

Figure 1-17 : Schéma du coulis de paraffine

2.8.4 Propriétés du matériau à changement de phase MCP

2.8.4.1 Chaleur latente de fusion

Les chaleurs latentes L de la paraffine Norpar®15 seule et du MCP (75% de paraffine et 25% de copolymère tribloc B.P.M.), à la transition solide-liquide, valent respectivement :

$L_{para} = 157, 52 kJ.kg^{-1}$ et $L_{MCP} = 115, 54 kJ.kg^{-1}$.

Le rapport des deux chaleurs latentes est:

$\frac{L_{MCP}}{L_{para}} = 73,4\%$, Cela correspond pratiquement au rapport en masse de copolymère tribloc et de la paraffine qui est dans le M.C.P. Ce résultat montre que le copolymère tribloc présent dans le M.C.P n'altère que très peu la capacité de stockage de froid lors de la transition de phase solide-liquide.

En comparant les chaleurs latentes de fusion des polymères triblocs bas poids moléculaire BPM et haut poids moléculaire HPM, des écarts très faibles, apparaissent entre les deux valeurs : L_{hpm} = 112kJ.kg^{-1} et L_{bpm} = 115kJ.kg^{-1} pour respectivement le M.C.P. à base de H.P.M. et le M.C.P. à base de B.P.M. La différence entre les valeurs de la chaleur latente de fusion du matériau BPM et HPMs'explique de façon très simple : la conception du M.C.P. à base de H.P.M. nécessite une température de mélange nettement supérieure à celle utilisée pour concevoir le M.C.P. à base de B.P.M. (180°C contre 120°C). Comme, le mélange ne s'effectue pas dans un système complètement fermé, il y a des pertes de matière due à l'évaporation de l'élément à changement de phase (la paraffine) au cours de la conception du M.C.P. Ainsi, la chaleur latente du M.C.P. à base de H.P.M. apparaît comme étant moins importante que celle du M.C.P. à base de B.P.M.

En conclusion

Le changement d'état du Norpar 15 s'étale sur environ 5°C, ceci étant dû au fait que l'élément à changement de phase est composé de différents n-alcanes, le pic caractéristique du changement d'état prend la même valeur que celle donnée par l'industriel qui produit le Norpar®15 : 7°C.

La valeur de la chaleur latente de fusion L_{fusion}, malgré les légères disparités entre le M.C.P. à base de

B.P.M. et le M.C.P. à base de H.P.M. est fixée à 115 kJ.kg^{-1}

Le phénomène de surfusion intervient lors de la cristallisation : avec un début de cristallisation autour de 3°C et un pic au environ de 0,5°C.

2.8.4.2 Conductivité thermique

La conductivité thermique à 25°C pour le M.C.P a été mesurée au laboratoire LMSC en tenant compte des incertitudes sur sa mesure :

$$\lambda_1 = 0, 25 W.m^{-1}.K^{-1} \pm 11, 4\%$$

Ce qui correspond à une conductivité thermique du M.C.P. $k_{m.c.p}$ comprise dans la plage suivante :

$$0, 22 < \lambda_{m.c.p.} < 0, 28 W.m^{-1}.K^{-1}$$

Cette valeur de la conductivité thermique du M.C.P., est supérieure à celle de l'élément à changement de phase pris séparément, le Norpar[®]15 (0,14 W.m^{-1}.K^{-1}). Ceci est certainement dû à la présence du réseau de la matrice polymère dans le M.C.P. (le copolymère tribloc).

La valeur de la diffusivité thermique du M.C.P. à 25°C.

, qui correspond au rapport de la conductivité thermique par la masse volumique et la chaleur massique du matériau considéré $a = \dfrac{\lambda}{\rho C_p}$ est

$$a_{M.C.P} = 1, 5.10^{-7} m^2.s^{-1}$$

Cette valeur est proche de la diffusivité thermique des n-alcanes et des huiles en général.

2.8.4.3 Conclusion

Les caractéristiques principales du M.C.P. composé de 25% de polymère tribloc et de 75% de Norpar®15 sont données dans le tableau. 1.6 :

Température de fusion (°C)	Masse volumique (kg.m^{-3})	Conductivité thermique (W.m^{-1}.K^{-1})	Chaleur massique (kJ.kg^{-1}.K^{-1})	Diffusivité thermique (m^2.s^{-1})	Chaleur latente (kJ.kg^{-1})
autour de 7	806	0,25 ± 11,4%	2	1,5.10^{-7}	115

Tableau. 1.6 : Caractéristiques physiques du M.C.P.

Le Norpar®15 présente une masse volumique de 772 kg.m^{-3} à 15°C, et le polymère tribloc 910 Kg.m^{-3} à 25°C

• La conductivité thermique : la valeur est donnée à 25°C.

• La chaleur massique : la valeur est donnée à 25°C.

• La diffusivité thermique : valeur donnée autour de 20°C.

3 Comportement hydrodynamique des fluides frigoporteurs diphasiques liquide-solide

3.1 Lois de comportement rhéologique des fluides

La rhéologie a pour objectif la caractérisation des fluides par l'expression de la relation contraintes-déformation liée à leurs propriétés mécaniques.

Les fluides, d'un point de vue rhéologique, peuvent être définis par la relation qui lie la contrainte de cisaillement τ, la viscosité dynamique μ et le taux de cisaillement $\dot{\gamma}$

$$\tau = f(\mu, \dot{\gamma}) \qquad (1\text{-}1)$$

Cette relation caractérise la réponse d'un fluide à une sollicitation mécanique représentée par les grandeurs τ ou $\dot{\gamma}$ suivant que l'on impose au système une contrainte ou un taux de cisaillement. Ces grandeurs sont liées entre elles par le paramètre qui caractérise le fluide : la viscosité dynamique μ.

Les fluides sont classés en plusieurs catégories :

- Fluides non-visqueux. Ces fluides sont caractérisés par une contrainte de cisaillement τ toujours nulle.

- Fluides newtoniens. Un fluide newtonien est un fluide pour lequel la contrainte de cisaillement τ est proportionnelle à la vitesse de déformation $\dot{\gamma}$. La constante de proportionnalité est la viscosité dynamique du fluide μ. La loi qui caractérise ce type de fluide est :

$$\tau = \mu \dot{\gamma} \qquad (1\text{-}2)$$

- Fluides non newtoniens. Un fluide non newtonien est un fluide pour lequel la viscosité change avec le taux de contrainte appliqué. En conséquence, les fluides non newtoniens peuvent ne pas avoir une viscosité bien définie. Ces fluides suivent le modèle de Casson tel que :

63

$$\tau = \tau_0 + k \, \dot{\gamma}^n \qquad \qquad (1\text{-}3)$$

où τ_0 est la contrainte de cisaillement seuil, appelée seuil de plasticité, en dessous de laquelle l'écoulement n'est pas possible. k et n sont respectivement le coefficient de consistance et l'indice de comportement du fluide. Selon les valeurs des paramètres du membre de droite de l'équation (1-3), on distingue les fluides suivants :

1°. Si $\tau_0 = 0$, le fluide est dit d'Ostwald et son comportement est défini par une loi en puissance :

$$\tau = k \, \dot{\gamma}^n \qquad \qquad (1\text{-}4)$$

avec les sous cas suivants :

a. si $0 < n < 1$, le fluide est dit pseudoplastique ou rhéofluidifiant. Le fluide montre une viscosité décroissante avec un taux de cisaillement croissant. Ce type de comportement s'appelle « cisailler amincir ». Cependant, à faible taux de cisaillement ($\gamma < 0,1 \ \text{s}^{-1}$), ces fluides ont généralement un comportement newtonien ;

b. si $n > 1$, le fluide s'appelle dilatant ou rhéoépaississant. Ce type de fluide est caractérisé par une viscosité croissante avec une augmentation du taux de cisaillement ;

c. si $n = 1$ et $k = \mu$, le fluide est de type newtonien ;

2°. Si $\tau_0 \neq 0$, nous avons les sous cas suivants :

a. si $0 < n < 1$, le fluide est dit thixotrope. Ce type de fluide subit une diminution de la viscosité avec le temps, alors qu'il est soumis à un cisaillement constant ;

b. si $n > 1$, le fluide s'appelle rhéopexe et est caractérisé par une viscosité qui augmente avec le temps pendant qu'elle est cisaillée à un taux constant ;

c. si $n = 1$ et $k = \mu$, le fluide est dit plastique de type Bingham. Le liquide se comporte comme le solide au repos. Une certaine force doit être appliquée pour surmonter le seuil de plasticité. Une fois que la valeur du seuil est dépassée et que l'écoulement commence, les fluides de ce type peuvent montrer les caractéristiques d'un écoulement newtonien, pseudoplastique ou dilatant. La loi qui caractérise le fluide plastique est :

$$\tau = \tau_0 + \mu \dot{\gamma} \qquad (1\text{-}5)$$

La Figure 1-18 schématise la forme des rhéogrammes associés aux principaux types de comportements rhéologiques.

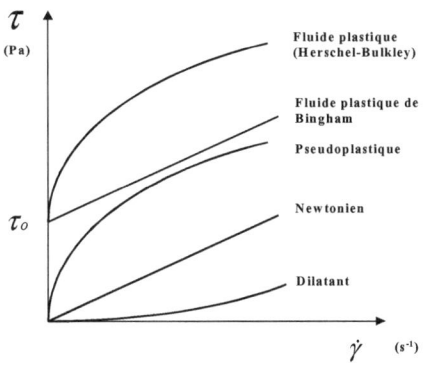

Figure 1-18 : Rhéogramme schématique de fluides newtoniens et non newtoniens (Ben Lakhdar, 1998)

Les fluides diphasiques solide-liquide telles que les coulis de glace et les coulis de paraffine peuvent être considérés newtoniens si la fraction massique de particules reste à un niveau bas. Dans la littérature, les auteurs admettent que la limite qui sépare les comportements newtoniens et non newtoniens correspond à une fraction de solide comprise entre 6 et 10 %.

3.1.1 Ecoulements diphasiques solide-liquide

L'hydrodynamique est définie de manière générale comme la science des écoulements des liquides. On élargit le terme aux écoulements diphasiques solide-liquide. La présence d'une phase solide en suspension dans un liquide rend plus complexe les lois de comportement de l'écoulement de ce type de fluide. Le dimensionnement des installations de transport de fluides diphasiques nécessite de connaître avec précision les pertes de pression engendrées par l'écoulement.

La caractérisation du type d'écoulement est très importante, en particulier, quand des conditions stables de fonctionnement sont demandées, pour prévenir l'apparition d'un lit mouvant ou stationnaire. De telles conditions peuvent conduire au blocage ou à un écoulement pulsé dans les zones de conduites où des vitesses faibles apparaissent, ce qui a une forte influence sur l'efficacité du transport. Bien entendu, les types d'écoulement sont fonction de la masse

volumique des particules et de la différence de densité
entre les particules et le fluide porteur

3.1.1.1 Conduites horizontales

o *Cas pour lequel les particules sont moins denses que le*
fluide porteur : $\rho_p < \rho_f$.

Le coulis de paraffine fait partie de ce cas, les
particules de MCP sont moins denses que la phase
liquide porteuse. La distinction entre différents types
d'écoulement est habituellement faite par des
observations visuelles. Les diverses recherches sur des
suspensions assignent différents noms à ces types
d'écoulement dont les frontières sont caractérisées par
des vitesses de transition. La classification la plus
commune des écoulements de suspension distingue
quatre types d'écoulement : "homogène", "hétérogène",
"hétérogène avec un lit mouvant", "saltation ou lit
stationnaire" (Doron et Barnea, 1996). Il est évident
que la frontière entre les types d'écoulement dépend
des caractéristiques du coulis, qui changent en fonction
de nombreux paramètres (Figure 1-19). Quelques
auteurs mettent en avant des vitesses de transition, afin
de classifier les régimes d'écoulement d'un coulis de
glace. Wasp (1977), cité par Kauffeld *et al.* (2005)
appelle « vitesse de transition » la vitesse à laquelle a
lieu le passage entre l'écoulement laminaire et
l'écoulement turbulent et « vitesse de dépôt » la vitesse
critique à laquelle un lit de particules commence à
former un lit stationnaire

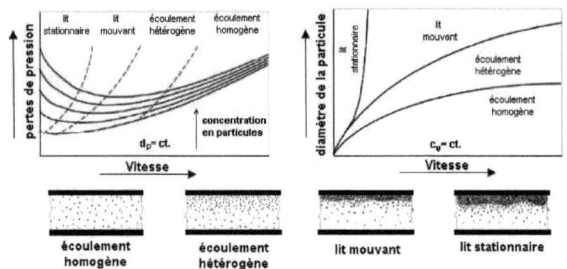

Figure 1-19 : Types d'écoulement dans une conduite horizontale pour $\rho_p < \rho_f$ (Kauffeld et al. 2005)

Pour une vitesse faible, les particules, portées par la force de flottaison, sont maintenues dans la partie supérieure du canal, une partie d'entre elles formant des aglomérats. Dans ce type d'écoulement, le gradient de pression s'abaisse à cause d'une diminution de la contrainte sur la partie supérieure du fluide en écoulement. Au fur et à mesure que la vitesse augmente, une partie des particules situées en dessous de la couche de particules de glace diffuse dans la couche de solution aqueuse et le gradient de pression atteint un minimum. Pour une vitesse moyenne, la plupart des particules sont attirées dans le courant principal de fluide porteur par les forces de cisaillement et le profil de concentration en particules de glace devient hétérogène. En conséquence, le gradient de pression du coulis de glace s'approche de celui d'un écoulement de fluide classique. Pour une vitesse plus importante, la concentration en particules de glace atteint une valeur constante dans toute la section de la conduite, l'écoulement devenant homogène, le gradient de pression continue à croître avec la vitesse.

o *Cas où les particules sont plus denses que le fluide porteur : $\rho_p > \rho_f$*

Ce cas est celui du coulis de glace stabilisée constitué de particules de gel contenant de l'eau, suspendues dans une huile de densité plus faible.

La classification rencontrée dans la littérature, concernant les types d'écoulement d'un mélange diphasique ayant des particules plus lourdes que la phase porteuse, est analogue à celle du cas précèdent :

* écoulement homogène ;
* écoulement hétérogène ;
* écoulement hétérogène avec un lit mouvant ;
* écoulement avec un lit stationnaire.

La transition entre les régimes d'écoulement est généralement déterminée par observation visuelle. Il convient donc de noter que, à cause de la nature graduelle de la transition, la fiabilité des classements réalisés est limitée.

Ainsi, Doron et Barnea (1996) ont regroupé certains régimes qui ont un comportement semblable et ont mentionné leurs caractéristiques les plus remarquables concernant la distribution des particules solides dans la conduite. Ils ont défini trois modèles principaux d'écoulement :

Flux entièrement suspendu : pour des vitesses importantes, les particules sont comme suspendues dans le liquide. Ce régime d'écoulement peut être divisé en deux sous-régimes :

- suspension pseudo-homogène, quand les particules sont distribuées presque uniformément dans la section transversale de la conduite. Les vitesses nécessaires dans ce cas sont très élevées et ne sont pas utilisées en pratique ;

- suspension hétérogène, quand il y a un gradient de concentration dans la section transversale du conduit, avec plus de particules dans la partie inférieure du tube (Figure 1-20 (a)). C'est le cas le plus fréquent dans les applications pratiques.

Ecoulement avec un lit mouvant : aux débits plus faibles de la suspension, les particules s'accumulent dans la partie basse du conduit (Figure 1-20 (b)) formant un lit mouvant de particules. La partie supérieure du conduit est occupée par un mélange hétérogène.

Ecoulement avec un lit stationnaire : si le débit est trop faible pour permettre le mouvement de toutes les particules, un lit stationnaire se forme dans la zone inférieure du conduit (Figure 1-20 (c)). Au-dessus de ce lit, quelques particules se déplacent individuellement comme dans un lit mouvant. Dans certains cas, à la partie supérieure du lit stationnaire on peut observer des formes de dunes, un phénomène connu sous le nom de "saltation". Ce phénomène a été également observé dans le cas du coulis de glace stabilisée, sur notre installation expérimentale. Le reste du canal est encore occupé par un mélange hétérogène, bien que son profil de concentration soit plus escarpé que pour les autres types d'écoulement.

3.1.1.2 Conduites verticales

Garic-Grulovic *et al.* (2004) ont étudié l'écoulement de l'eau chargée en particules sphériques de verre de 5 mm, dans une conduite verticale de 25,4 mm de diamètre. Suite aux observations visuelles, ils ont classé les types d'écoulement en deux catégories :

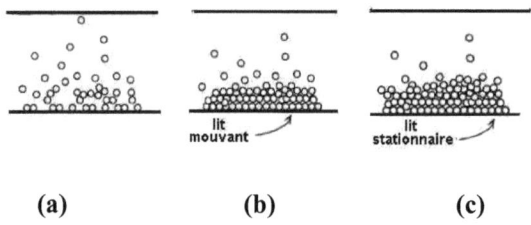

(a)   (b)   (c)

Figure 1-20 : Régimes d'écoulement dans une conduite horizontale pour $\rho_p > \rho_f$

(Doron et Barnea, 1996)

Ecoulement "turbulent" (Figure 1-21 (a)), où les particules se déplacent verticalement, mais avec un certain mouvement radial. Ce régime est caractéristique de vitesses faibles des particules et du fluide. En même temps, l'écoulement de la suspension ressemble à un lit fluidisé particulaire, où toute la suspension fluidisée s'écoule relativement aux parois du tube ;

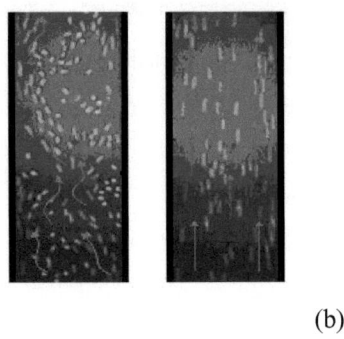

(a)   (b)

Figure 1-21 : Régimes d'écoulement dans une

conduite verticale(Garic-Grulovic, 2004)

Ecoulement "parallèle" (Figure 1-21 (b)), dans lequel les particules se déplacent verticalement sur une trajectoire parallèle à l'axe de symétrie du conduit. Ce régime est caractéristique de vitesses importantes des particules et du fluide.

3.1.2 Vitesse critique de dépôt

La transition entre l'écoulement avec un lit mouvant et l'écoulement hétérogène peut être caractérisée par la vitesse critique de dépôt. Cette vitesse représente la valeur minimale de la vitesse pour laquelle un système de transport pour le coulis peut fonctionner. La valeur de cette vitesse dépend de la dimension et de la densité des particules, de la concentration de la fraction solide et du diamètre du conduit.

Une des premières corrélations donnant la vitesse de dépôt V_D a été proposée par Durand (1952), cité par Kaushal et al. [Kaushal et al, 2002] :

$$V_D = F_L \left[2gD \left(\frac{\rho_p - \rho_l}{\rho_l} \right) \right]^{0,5}$$
(1-6)

où D est le diamètre de la conduite, g est l'accélération de la pesanteur, ρ_p est la masse volumique des particules, ρ_l est la masse volumique de la phase liquide, F_L est une constante fonction du diamètre de la particule (d_p) et de la concentration volumique (c_v) qui représente une caractéristique du système étudié.

A partir de l'équation (1-6), Wasp et al. (1977) cités par Kaushal et al. (Kaushal et al, 2002) ont obtenu deux équations pour la vitesse de dépôt pour un écoulement turbulent. Pour une suspension diluée ($c_v = 1$ %) ils ont proposé l'équation :

$$V_D = 1,87 \left(\frac{d_p}{D} \right)^{\frac{1}{6}} \sqrt{2gD \left(\frac{\rho_p}{\rho_l} - 1 \right)}$$
(1-7)

Pour des concentrations plus importantes :

$$V_D = 4 \left(\frac{d_p}{D} \right)^{\frac{1}{6}} \cdot (c_v)^{\frac{1}{5}} \sqrt{2gD \left(\frac{\rho_p}{\rho_l} - 1 \right)}$$
(1-8)

Dans l'étude concernant le modèle triple couche, Doron et Barnea (Doron et Barnea, 1995) ont déduit une corrélation pour déterminer la vitesse minimale du lit mouvant :

$$V_{min} = \sqrt{\frac{1,56(\rho_p - \rho_l)gd_p\left[sin\frac{\pi}{6} + 0,5C_{lm}\left(\frac{y_{lm}}{d_p} - 1\right)\right]}{\rho_l C_D}} \quad (1\text{-}9)$$

où C_{lm} et y_{lm} sont respectivement la concentration massique en particules et l'épaisseur du lit mouvant. Les relations de calcul pour le coefficient de traînée, C_D, sont données dans le Tableau 1-7.

En général, la méthode des corrélations empiriques est la plus simple et la plus rapide pour calculer la vitesse de dépôt. Mais les estimations sont moins précises par rapport aux autres méthodes et le résultat représente seulement une approximation grossière des conditions réelles. Kitanovski et al. (Kitanovski et al, 2003) rapportent des écarts de $\pm$ 20 %.

Nombre de Reynolds (Re)	Coefficient de traînée (C_D)
$Re \leq 1$	$C_D = 24\ Re^{-1}$
$1 < Re \leq 1000$	$C_D = 24\ Re^{-1}(1+0,15\ Re^{0,687})$
$1000 < Re \leq 2 \cdot 10^5$	$C_D = 0,44$

Tableau 1-7 : Corrélations pour le calcul du coefficient de traînée C_D

(Kaushal et al, 2002)

3.2 Pertes de pression

La détermination des pertes de pression provoquées par l'écoulement du fluide diphasique, est essentielle pour dimensionner les installations et en ajuster les puissances de pompage. Les pertes de pression dans un écoulement sont dues à la dissipation visqueuse, autrement dit aux frottements des composants du fluide en mouvement entre eux (molécules, particules solides dans le cas des suspensions...) et sur la paroi. Pour un même régime d'écoulement, plus la viscosité est importante plus les pertes de pression le sont aussi.

Les pertes de pression totale ΔP d'un fluide en écoulement dans une conduite est la somme de trois termes :

$$\Delta p = \Delta p_r + \Delta p_s + \rho g \Delta z \qquad (1\text{-}10)$$

Avec Δp_r : pertes de pression régulières sur les portions droites des tuyaux ou canalisation ;

Δp_s : Pertes de pression singulières produites par des variations de la section transversale à l'écoulement ou par des changements de la direction de l'écoulement du fluide, voire à des organes de réglage ou de mesure.

$\rho g \Delta z$: différence de niveau entre l'entrée et la sortie du conduit.

Les pertes de pression régulières dans un tuyau (ou canal) cylindrique et horizontal de longueur L et diamètre hydraulique D_h, dans lequel circule un fluide de masse volumique ρ avec une vitesse moyenne de transport u, sont calculées en utilisant la relation de *Darcy-Weisbach* :

$$\Delta P_r = f \frac{L}{D_h} \frac{\rho u^2}{2} \qquad (1\text{-}11)$$

Où u est la vitesse moyenne d'écoulement du fluide et ρ est la masse volumique.

Le coefficient de frottement f, dépend de trois facteurs :

- le régime d'écoulement du fluide,
- la loi de comportement rhéologique du fluide,
- la rugosité de la paroi.

On donne dans la suite les expressions du coefficient de frottement f d'une part en conduite lisse puis en conduite rugueuse de rugosité R_f

3.2.1 Coefficient de frottement en conduite lisse

Le coefficient de frottement pour une conduite lisse est donné par les corrélations suivant le nombre de Reynolds Re :

$Re \prec 2000$, équation de Poiseuille :

$$4f = \frac{64}{Re} \tag{1-12}$$

$4000 \prec Re \prec 10^5$, équation de Blasius :

$$4f = 0,3146\,Re^{-\frac{1}{4}} \tag{1-13}$$

3.2.2 Coefficient de frottement en conduite rugueuse de rugosité Rf.

Dans le cas d'une conduite rugueuse, le coefficient de frottement est donné par :

$Re \succ 10^3$, formule de Colebrook :

$$4f = \left[-2\log\frac{2,51}{Re\sqrt{4f}} + \frac{Rf/D_h}{3,7} \right]^{-2}$$
(1-14)

Ou plus simplement dans le cas particulier où :

$8.10^{-5} \prec Rf/D_h \prec 0,0125$:

$$4f = 0,1\left[1,46\frac{Rf}{D_h} + \frac{100}{Re} \right]^{\frac{1}{4}}$$
(1-15)

$Re \succ 500\frac{D_h}{Rf}$:

$$4f = \left[2\log(3,7\frac{D_h}{Rf}) \right]^{-2}$$
(1-16)

Les pertes locales de pression ou singulières sont considérées comme proportionnelles à la pression dynamique (ou l'énergie cinétique) du fluide $\frac{1}{2}\rho u^2$ et se calculent en utilisant la relation suivante :

$$\Delta p_s = \frac{1}{2}\rho u^2 \zeta$$
(1-17)

où ζ est le coefficient de pertes locales de pression, adimensionnel ; les autres coefficients intervenants dans la formule ont la même signification que dans la relation (1-11).

Les notions présentées ci-dessus sont applicables à un écoulement monophasique. Dans le cas d'écoulements diphasiques, pour les utiliser, quelques corrections sont nécessaires.

3.3 Pertes de pression dans le cas des fluides diphasiques solide-liquide

Par rapport à l'écoulement simple phase, celle d'un fluide diphasique présente un comportement plus complexe, en raison des nombreux paramètres intervenant sur le coefficient des pertes de pression : la vitesse d'écoulement, la taille et la concentration en particule, etc.

3.3.1 Pertes de pression régulières

Les travaux sur les lois de pertes de charge et le comportement hydraulique des mélanges solide-liquide sont nombreux. Les effets de la vitesse d'écoulement, de la taille et de la concentration en particules solides sur le coefficient de pertes de pression par frottement dans un tube horizontal forment les principaux axes de recherches dans ce domaine.

Pendant les dernières années, de nombreux chercheurs ont réalisé un grand nombre d'expériences. Certains d'entre eux ont présenté des équations empiriques, alors que d'autres donnaient des équations semi-empiriques, basées sur les modèles rhéologiques, la plupart sur les modèles de Bingham ou de Casson.

Pour un écoulement laminaire, les coefficients de frottement sont déterminés habituellement par les équations présentées dans le Tableau 1-8. Ils sont dépendants des caractéristiques rhéologiques ou du modèle considéré pour le fluide (indice B pour un

modèle Bingham et indice C pour un modèle Casson).
Par conséquent, chaque paramètre d'un modèle doit
être déterminé expérimentalement (coefficient de la loi
en puissance n, constante de maturation K

Bingham	$f = \dfrac{64}{\mathrm{Re}_B}\left(1 + \dfrac{\mathrm{He}}{6\,\mathrm{Re}_B} - \dfrac{\mathrm{He}^4}{3f^3\,\mathrm{Re}_B^7}\right)$
Loi en puissance	$f = \dfrac{64}{\mathrm{Re}_0}$ avec $\mathrm{Re}_0 = \dfrac{u^{2-n}D^n\rho}{K} \cdot \dfrac{1}{8^{n-1}\left(\dfrac{1+3n}{4n}\right)^n}$
Casson	$f = \dfrac{64}{\mathrm{Re}_C}\left(1 - \dfrac{\mathrm{Ca}}{6\,\mathrm{Re}_C} + \dfrac{(2f\,\mathrm{Ca})^{0,5}}{7} + \dfrac{\mathrm{Ca}^4}{21f^3\,\mathrm{Re}_C^7}\right)$

Tableau 1-8 : Coefficients de frottement pour un écoulement laminaire

(Darby, 1986 cité par Kauffeld et al., 2005)

Dans ces relations, Ca représente le nombre de Casson ($\mathrm{Ca} = D_h^2\rho\,\tau_C\mu_C^{-2}$) et He représente le nombre de Hedström ($\mathrm{He} = D_h^2\rho\,\tau_0\mu_B^{-2}$).

Les coefficients de frottement pour l'écoulement turbulent sont aussi basés sur les propriétés rhéologiques du fluide étudié et les données expérimentales. Pour le coulis de glace, Doetsch (2001) cité par Kitanovski *et al.* (2005) a proposé une corrélation semi empirique basée sur le modèle de Casson pour décrire le comportement rhéologique du mélange :

$$f = 0{,}34179 \left(\mathrm{Re}_C\right)^{-0{,}25793} \left(\mathrm{Ca}+1\right)^{0{,}013532} \qquad (1\text{-}18)$$

L'équation (1-18) est valable pour $\mathrm{Re}_{crit} < \mathrm{Re}_C < 4\cdot 10^4$ ($0 < Ca < 10^5$) et s'applique pour le coulis de glace avec n'importe quel type d'additif.

Pour caractériser la transition entre les écoulements laminaire et turbulent, un critère connu pour les fluides newtoniens est que l'écoulement reste laminaire si $\mathrm{Re} < 2000$ et qu'une transition se produit habituellement pour $2000 < \mathrm{Re} < 3000$. Pour la transition laminaire-turbulent d'un fluide de type Bingham, Hanks cité par Kitanovski *et al.* (2005) a proposé la formule suivante :

$$\mathrm{Re}_{crit} = 2100 \left[1 - \frac{4}{3}\beta + \frac{1}{3}\beta^3\right]\left(1-\beta\right)^{-3} \qquad (1\text{-}19)$$

Dans cette équation le coefficient β est déterminé avec la relation : $\dfrac{\beta}{(1-\beta)^3} = \dfrac{He}{16800}$.

Les auteurs suggèrent que ce critère peut également être appliqué à d'autres modèles, comme par exemple au modèle de Casson.

Snoek *et al.* (1994), cités par Bel (1996), à partir de leurs valeurs expérimentales, proposent une corrélation pour le facteur de frottement du mélange diphasique f_s en fonction de celui du fluide porteur (l'eau) f_f, du nombre Reynolds du mélange, basé sur le rayon interne du tube R_0, et de la fraction massique en glace c_m :

$$f_s = f_f (1 + 0{,}112 c_m^{2,15}\,\mathrm{Re}^{0,24} + 0{,}02 c_m^{0,40} R_0^{-0,28}) \qquad (1\text{-}20)$$

Les résultats expérimentaux relatifs aux pertes de pression sont ainsi prédits avec une incertitude de ± 10 %.

Une corrélation plus exacte (erreur de ±0,1 %) pour le calcul du facteur de frottement, f, a été donnée par Techo *et al.* (1987) cités par Roy et Avanic (2001a) :

$$\frac{1}{\sqrt{f_s}} = 0,8686 \ln\left(\frac{Re}{1,964 \ln Re - 3,8215}\right) \qquad (1\text{-}21)$$

Cette équation est valable pour des suspensions ayant un comportement newtonien et des concentrations volumiques de 20-25 %.

Dans leurs travaux, Bel et Lallemand (1999b) ont étudié le comportement thermique et hydraulique d'un coulis de glace avec une fraction de glace comprise entre 0 et 0,3. Les auteurs ont constaté que le coefficient de pertes de pression du milieu diphasique pour une vitesse donnée, est toujours supérieur à celui obtenu lors de l'étalonnage à l'eau et que cette augmentation devient extrêmement forte aux faibles vitesses pour des teneurs en glace supérieures à 15 %. Cette constatation met en évidence un changement de comportement du mélange diphasique à partir des teneurs en glace de l'ordre de 10 %. Ce changement est lié à la transition du fluide qui évolue d'un comportement newtonien à un comportement non newtonien. Cependant, la représentation adimensionnelle de la Figure 1-22 montre, malgré une forte dispersion, que les lois classiques de pertes de charge dans les canalisations, caractérisées par la représentation correspondant aux liquides purs, donnent un ordre de grandeur acceptable pour les mélanges diphasiques étudiés et que, dans pratiquement tous les cas, le coefficient de frottement pour un même nombre de Reynolds reste inférieur à celui d'un fluide pur.

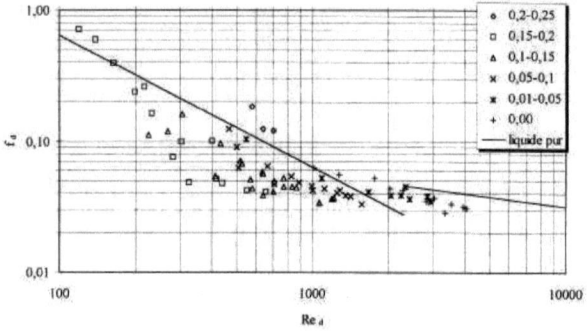

Figure 1-22 : Evolution du coefficient de perte de pression en fonction du nombre de Reynolds du mélange selon la fraction de glace (Bel et Lallemand, 1999b)

Kaushal et Tomita (2003) ont étudié les pertes de pression d'un coulis de zinc avec particules de 38 à 739 µm de diamètre dans un canal rectangulaire ayant un diamètre hydraulique de 80 mm (200 mm en largeur et 50 mm en hauteur). Les expériences ont été réalisées à différentes vitesses d'écoulement s'étendant de 1 à 4 m/s en utilisant cinq concentrations volumiques en particules s'échelonnant de 4 % à 26 % pour chaque vitesse. Les auteurs ont comparé les résultats expérimentaux avec ceux obtenus par Kaushal et Tomita (2002) pour le même coulis et les mêmes conditions, mais pour un canal à section circulaire de 105 mm de diamètre. Les pertes de pression pour le canal rectangulaire sont toujours plus faibles que celles pour le canal circulaire. Cet écart diminue quand la concentration en particules augmente.

Contrairement à la majorité des observations trouvées dans la littérature selon lesquelles le facteur de frottement augmente avec la concentration en particules, Knodel *et al.* (2000) obtiennent des résultats inverses. Ils ont étudié le transfert de chaleur et les pertes de pression d'un coulis avec une fraction de glace maximum de 11 % environ, dans un conduit horizontal de 24 mm de diamètre. Dans leur expérience, les pertes de pression diminuent avec l'augmentation de la fraction de glace. Les auteurs expliquent ce phénomène par une diminution de la turbulence de l'écoulement causée par les interactions entre le liquide et les particules. Selon eux, il existe une fraction critique de glace au-delà de laquelle les pertes de pression sont constantes (3 % dans ce cas). Knodel *et al.* suggèrent que pour des fractions de glace de 4 à 11 % et des nombres de Reynolds de 3,8 x 10^4 à 7,4 x 10^4 dans un tube de 24 mm de diamètre, le facteur de frottement de *McAdams* peut être multiplié par un coefficient constant (0,946) pour prédire le facteur de frottement du coulis de glace :

$$\frac{f_s}{0,184\, Re_D^{-0,2}} = 0,946 \qquad (1\text{-}22)$$

A partir de ses résultats expérimentaux pour une conduite à section circulaire et un écoulement établi, Jacquier (2004) a déterminé, pour une concentration massique de 25 % de coulis de glace stabilisée, les corrélations suivantes :

état liquide du MCP ($T = 23$ °C, Re < 5800)

$$f_s = 86400 \, \mathrm{Re}^{-1,745} \tag{1-23}$$

état solide du MCP ($T = -7$ °C, Re < 2500)

$$f_s = 1993 \, \mathrm{Re}^{-1,285} \tag{1-24}$$

état solide du MCP ($T = -7$ °C, Re > 2500)

$$f_s = 6,43 \, \mathrm{Re}^{-0,529} \tag{1-25}$$

3.3.2 Pertes de pression singulières

Les travaux concernant les pertes de charge singulières sont peu nombreux. Les écoulements secondaires dus aux singularités modifient la distribution des particules ce qui rend l'écoulement complexe. Dans les cas des coudes, les pertes de pression dépendent du diamètre des conduites, de la vitesse d'écoulement, du rayon et de l'angle de courbure du coude, de la densité des différents milieux, etc.

Les résultats expérimentaux sur les écoulements diphasiques de particules dispersées dans des liquides sont rares et non concordants.

Ogihara et Miyazawa (1991), cités par Bel (1996), ont effectué une étude expérimentale sur les lois de pertes de charge dans un élargissement brusque et un coude à 90° avec un mélange d'eau et de particules de bentonite, dont les caractéristiques sont celles d'un fluide plastique de type Bingham. Les concentrations massiques de particules varient de 6 à 11 % et les vitesses s'échelonnent entre 0,01 et 2 m·s⁻¹. Le coefficient de pertes de charge du mélange devient 11 fois et 8 fois plus grand que celui de l'eau pour l'élargissement brusque et pour le coude à 90° respectivement.

Dans son travail, Bel (1996) applique la loi d'additivité pour déterminer le coefficient de pertes de pression théorique pour une vanne quart de tour à boisseau sphérique :

$$\zeta_{th} = \left(\left(\frac{D_1}{D_2}\right)^2 - 1\right)^2 + \left(\frac{1}{c} - 1\right)^2 + \frac{0,3164}{Re_{D_1}^{0,25}}\frac{L_1}{D_1} + \frac{0,3164}{Re_{D_2}^{0,25}}\frac{L_2}{D_2} \quad (1\text{-}26)$$

avec : c – coefficient de contraction du jet ($c = 0,59 + 0,4(D_2/D_1)^3$) ; D_1 et D_2 – les diamètres des deux longueurs droites (L_1, L_2) de la vanne ; Re_{D1} et Re_{D2} – les nombres de Reynolds correspondants aux deux diamètres. Il a aussi appliqué la loi d'additivité pour déterminer le coefficient de pertes de pression théorique pour un coude à 90° :

$$\zeta_{th} = 0,13 + 1,85\left(\frac{D}{2r}\right)^{3,5} + \frac{0,3164}{Re^{0,25}}\frac{L}{D} \quad (1\text{-}27)$$

où r est le rayon de courbure de la ligne centrale du coude, Re représente le nombre de Reynolds calculé pour le diamètre interne du coude, D.

Ces valeurs du coefficient de pertes de pression théorique ont été comparées avec le coefficient de pertes de charge déterminé expérimentalement. Le bon accord entre les valeurs théoriques et les résultats expérimentaux permet de conclure à la validité de ces équations pour les études en diphasique. Comparant les valeurs du coefficient de pertes de pression expérimental du mélange diphasique avec celles du

mélange monophasique et de l'eau, l'auteur à observé
que les valeurs sont toujours supérieures à celles de
l'eau. On peut estimer que le rapport des deux
coefficients varie entre 1,3 et 4 selon la vitesse.

3.3.3 Diminution des pertes de pression

La réduction de l'énergie consommée au cours du
pompage d'un fluide représente un facteur très
important pour les installations frigorifiques. Il a été
étudié par certains auteurs qui ont proposé diverses
méthodes.

3.3.3.1 Suspension polydispersée

Au cours de l'écoulement dans une conduite
verticale, d'un fluide chargé en particules solides de
tailles différentes et de même masse volumique que le
fluide porteur, les grosses particules vont au centre de
la conduite tandis que les petites restent près des parois
car plus elles sont grosses, plus elles sont soumises aux
contraintes de cisaillement qui tendent à les éloigner
des parois.

Les travaux expérimentaux de Inaba (1997)
montrent qu'il existe une perte de pression minimum
pour un certain rapport de petites particules sur les
grosses (Figure 1-23).

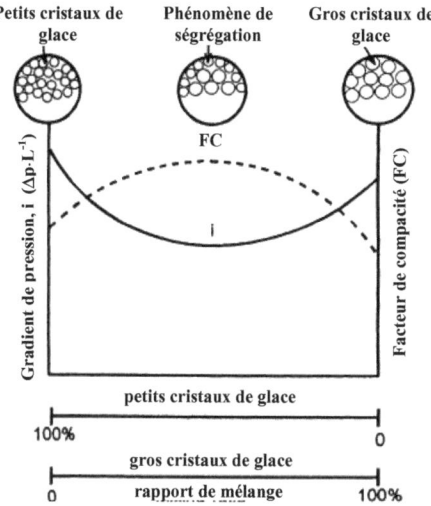

Figure 1-23 : Relation entre le gradient de pression, le facteur de compacité (FC) et le rapport de mélange (Inaba, 2000)

Ce phénomène s'explique par la différence entre les coefficients de frottement des particules de tailles différentes. Ce type d'écoulement peut transporter plus de particules qu'une suspension mono dispersée pour une perte de pression donnée puisque les résistances à l'écoulement dans la conduite dépendent du comportement des petites particules situées près des parois.

3.3.3.2 Ajout d'un surfactant

Dans le but de réduire les coefficients de frottement lors du transport de particules dans une conduite, certains auteurs ont étudié l'influence de l'ajout d'un surfactant (ou tensio-actif) sur les pertes de pression.

Imanari et al. (1997) ont, dans un premier temps, regardé leur rôle sur de l'eau sans particule. Les molécules de tensio-actifs forment des micelles qui, à faible concentration, se présentent sous forme sphérique et, à plus forte concentration, sous forme de filaments. Ces filaments ont la particularité de réduire la turbulence : ils interagissent avec les tourbillons turbulents. Deux hypothèses expliquent cette réduction : soit les filaments interagissent dans la sous couche visqueuse et l'amincissent, soit en se déformant ils absorbent l'énergie turbulente. La présence de ces filaments permet d'avoir un comportement laminaire à des vitesses plus élevées et donc des pertes de pression plus faibles. Cependant, les structures finissent par se casser si les vitesses deviennent trop importantes et l'écoulement redevient turbulent. Dans un deuxième temps, ils ont rajouté à ce mélange, différentes concentrations volumiques en particules. L'effet "laminarisant" des tensio-actifs est conservé et entraîne une diminution du coefficient de frottement dans la zone de transition entre le régime laminaire et turbulent. Cette explication est confirmée par les résultats de Yamagishi et al.(1996) qui observent les mêmes tendances dans la zone de transition de régime hydraulique. Cependant, ils attribuent une qualité supplémentaire aux tensio-actifs : ils ont une forte influence sur le degré d'interactions des particules avec le fluide. Ils limitent la formation d'agrégats et réduisent la viscosité apparente. Ainsi, leur sorbet, qui avait un comportement non-newtonien, devient newtonien en présence de tensio-actifs.

Imanari et al. (1997) ont mis en évidence l'effet des surfactants sur un fluide chargé en particules de 0,5mm de diamètre. Ils ont étudié l'influence d'une solution de chlorure de cetyltrimethyl d'ammoniac et de salicylate de sodium, concentrée à 200 ppm et 500 ppm, sur les pertes de pression d'un écoulement d'eau chargée en particules de 500 µm dans un cylindre horizontal. Ils ont obtenu les résultats suivants :

Même à des concentrations volumiques en particules de 12 %, les pertes de pression d'une suspension avec des tensio-actifs ne sont plus que 25 à 50 % de celles de l'écoulement de l'eau pure grâce à la chute du coefficient de frottement ;

la diminution maximale du coefficient de frottement est obtenue pour une valeur particulière de la vitesse.

Cependant, puisque les tensio-actifs réduisent les pertes de pression en diminuant la turbulence, les échanges de chaleur sont également diminués. Or, dans le cadre d'un échangeur, c'est plutôt une augmentation des transferts qui est recherchée.

3.3.3.3 Conclusion

Comme dans le cas d'un fluide pur, les pertes de pression d'un fluide chargé en particule ne dépendent pas seulement de la concentration mais également du régime d'écoulement. L'énergie transportée par la suspension est proportionnelle à la concentration en particules. Cependant, l'augmentation des pertes de pression due à la charge en particules demande une puissance de pompage plus élevée et un régime d'écoulement turbulent est nécessaire à l'amélioration des coefficients d'échange de chaleur. Il est donc important de choisir la meilleure concentration en particules conduisant à un compromis entre ces impératifs pour utiliser les fluides diphasiques dans le transport du froid.

4 Comportement thermique

4.1 Comportement au cours du refroidissement

4.1.1 Refroidissement en l'absence de la surfusion

Le refroidissement d'un fluide chargé en particules à changement de phase se passe dans des conditions idéales lorsque les particules changent d'état liquide-solide à la température de congélation du MCP, c'est-à-dire lorsque le phénomène de surfusion n'est pas présent. Dans ces conditions, le thermogramme de congélation se divise en trois parties, comme le montre la Figure 1-24.

La suspension entre dans l'échangeur à une température Ti, supérieure à la température de changement de phase Tc. Elle se refroidit jusqu'à atteindre Tc. A cette température, les particules changent de phase : tout le froid apporté par l'échangeur sert à les congeler.

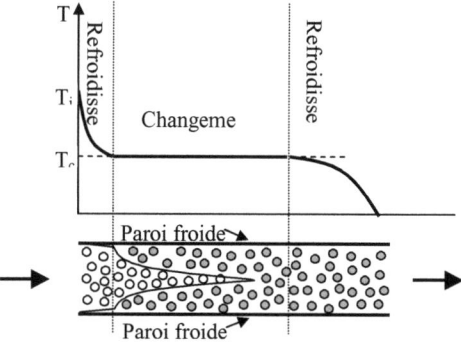

Figure 1-24 : Thermogramme de congélation d'une suspension dans le cas idéal

La température reste constante durant la congélation de toutes les particules. Ensuite, la température de la suspension recommence à baisser. Ce phénomène suppose un équilibre thermique entre les particules solides et la phase porteuse.

4.1.2 Influence de la surfusion

Au cours du réchauffement d'un fluide diphasique on peut observer dans tous les cas l'équilibre liquide-solide. Par contre, lors d'un refroidissement du liquide, lorsque celui-ci atteint la température de fusion il ne se passe rien. Il est possible d'observer le liquide à des températures inférieures à la température de fusion. C'est le phénomène de surfusion. Le liquide est dit surfondu (ou métastable) et cet état peut être maintenu longtemps. La rupture de surfusion peut être :

- soit **provoquée** par des chocs, des vibrations mécaniques, des ultrasons, etc. ou un ensemencement, c'est-à-dire l'introduction de petits morceaux de cristal préparé par ailleurs ;

- soit **spontanée** lorsque le refroidissement est suffisant.

On peut définir le degré de surfusion, comme étant la différence entre la température de fusion et la température moyenne de cristallisation. Il représente le retard au changement de phase. Ce degré de surfusion dépend de nombreux paramètres (Dumas, 2002) :

- Le **volume de l'échantillon** : plus le volume est petit plus le degré de surfusion est grand ;

- La **vitesse de refroidissement** : ce paramètre influe peu sauf dans le cas de trempe où, pour certains liquides, la cristallisation ne peut avoir lieu donnant un constituant amorphe ;

- Le **nombre de cycles** de refroidissement - réchauffement : d'un cycle à l'autre, il peut y avoir une modification d'ensemble des résultats ;

- la **concentration** dans le cas des solutions ;

- La **pression** : de très fortes pressions sont nécessaires pour détecter une influence notable sur le degré de surfusion qui augmente alors avec la pression.

Le caractère stochastique des ruptures de surfusion est particulièrement évident : des échantillons identiques ne cristallisent pas forcément au même instant et à la même température. De plus, un échantillon ne cristallise pas forcément à la même température à chaque refroidissement (Bedecarrats et Dumas, 1996). En effet, les liquides ne sont pas parfaitement désordonnés. Les molécules, toujours en mouvement, s'associent pour former des amas appelés agrégats ou germes ayant une structure très proche du cristal apparaissant à la cristallisation. Ces agrégats se font et se défont au gré des fluctuations dans le liquide (phénomène de nucléation). La cristallisation n'est possible que lorsque se forme un agrégat de taille suffisante de manière à ce que le système franchisse une barrière d'énergie due à la tension superficielle entre le liquide et l'agrégat. La nucléation est alors de deux types :

- **Nucléation homogène**, quand les agrégats se forment au sein du fluide ;
- **Nucléation hétérogène**, quand les agrégats se forment sur un corps étranger insoluble ou sur la paroi du récipient.

La nucléation hétérogène est beaucoup plus efficace, entraînant une diminution de la surfusion, la barrière d'énergie étant inférieure à celle de la nucléation homogène. Ainsi, en introduisant dans le liquide un corps étranger dit *additif* ou *agent nucléant*, la cristallisation est favorisée.

Lottin et Epiard (2001) ont représenté l'évolution du rapport capacité thermique apparente/coefficient global de transfert de chaleur en fonction du temps (ou de la température) pour un mélange eau-éthanol. Elle met en évidence le phénomène de surfusion (Figure 1-25).

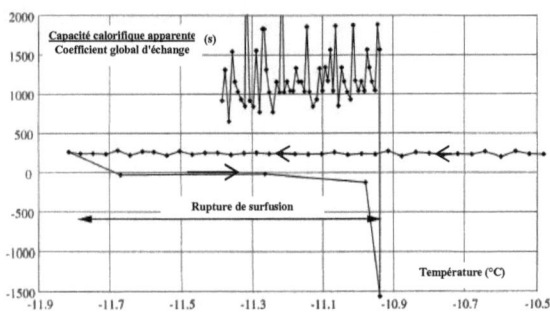

**Figure 1-25 : Evolution du rapport entre la capacité
calorifique apparente et le coefficient global
d'échange dans un échantillon eau-éthanol en
présence de surfusion (Lottin et Epiard, 2001)**

Au début, ce rapport reste constant pendant la
descente en température (évolution de la partie droite
vers la partie gauche de diagramme) ; après, il devient
négatif quand la cristallisation apparaît. Ceci est dû à
l'augmentation de la température du mélange. Il revient
aux valeurs positives quand la température commence
à décroître et poursuit (avec la concentration) la courbe
d'équilibre liquide-solide. Ce type de représentation
rend possible une détermination très exacte de la
température initiale de cristallisation, T_{PCI}, et de la
température maximale de cristallisation, T_{PCM}. La
différence entre le deux représente le degré de
surfusion.

4.2 Transfert de chaleur par convection

4.2.1 Cas des fluides monophasiques

Quand un fluide à la température T s'écoule dans un
canal dont la température de paroi est T_w, le gradient de

la température entre la paroi et le fluide crée un transfert de chaleur par convection qui tend à homogénéiser la température. Le flux thermique peut être exprimé selon un modèle connu sous le nom de loi de Newton :

$$\dot{Q} = \alpha S \left(T - T_w \right) \tag{1-28}$$

avec α le coefficient de transfert de chaleur et S la surface d'échange.

On utilise plus couramment la grandeur adimensionnelle qui lui est associée : le nombre de Nusselt Nu qui caractérise l'intensité du transfert thermique Il représente le rapport entre le flux thermique convectif et le flux conductif associés au transfert thermique au travers d'une couche de fluide d'une épaisseur équivalente au diamètre hydraulique D_h .

$$Nu = \frac{\alpha \left(T - T_w \right)}{-\lambda \left[\left(T_w - T \right) / D_h \right]} = \frac{\alpha D_h}{\lambda} \tag{1-29}$$

Le nombre de Nusselt dépend principalement des propriétés du fluide et de son régime d'écoulement.

4.2.1.1 Fluide monophasique en écoulement laminaire.

Shah et London (1978) ont étudié les transferts de chaleur en convection forcée d'un fluidemonophasique newtonien en écoulement laminaire, incompressible, aux propriétés physiques constantes. L'équation de la chaleur qu'ils utilisent prend en compte les sources d'énergiethermique, les dissipations visqueuses, la conduction axiale et le travail exercé par les forces de pression. Mais elle néglige la convection naturelle et les sources d'énergie issues duchangement de phase et des réactions chimiques. L'étude a été faite dans le cas d'un fluide en écoulement entre deux plaques lisses, avec les conditions limites suivantes : densité de flux de chaleur pariétal, $\dot{Q} = cte$ et température de la paroi $T_w = cte$.

Longueur d'établissement du profil hydraulique

On considère l'écoulement d'un fluide qui entre dans un canal ($x = 0$) avec une vitesse à l'entrée u_e constante (Figure 1-26). A cause du contact avec la surface intérieure du conduit, une couche limite dynamique (ou de vitesse) apparaît. L'augmentation de la couche limite avec la distance x, détermine le rétrécissement de la zone inviscide (sans viscosité) et conduit à sa disparition.

La distance par rapport à l'entrée de la conduite où l'épaisseur de la couche limite atteint l'axe de symétrie du canal ($\delta = R_0$), s'appelle *longueur d'établissement du profil hydraulique* ou *de vitesse*, L_h. La longueur d'établissement du profil hydraulique est une fonction de la vitesse d'augmentation de la couche limite avec la distance x, qui à son tour est une fonction du régime d'écoulement (laminaire ou turbulent) du fluide.

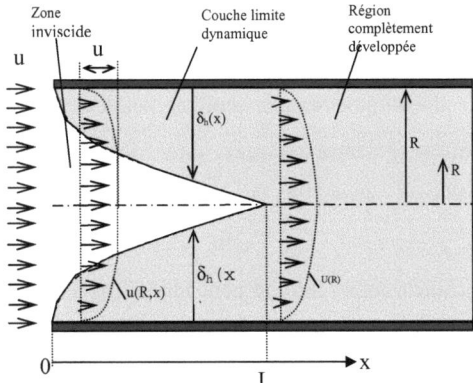

Figure 1-26 : Développement de la couche limite dynamique

Pour l'écoulement laminaire entre deux plaques parallèles, Atkinson *et al.* (1969) cités par Huetz et Petit (1990) ont proposé la corrélation (1-30) :

$$\frac{L_h}{D_h} = 0{,}3125 + 0{,}011\,\mathrm{Re}_{D_h} \qquad (1\text{-}30)$$

Pour le même type d'écoulement, Barber et Emerson (2000) proposent l'utilisation d'une corrélation plus élaborée, suggérée par Chen (1973) :

$$\frac{L_h}{D_h} = \frac{0{,}315}{0{,}0175\,\mathrm{Re}_{D_h} + 1} + 0{,}011\,\mathrm{Re}_{D_h} \qquad (1\text{-}31)$$

Longueur d'établissement du profil thermique

Dans le cas où le fluide entre dans un canal à une température uniforme différente de la température de la surface, un processus de transfert thermique apparaît et une couche limite thermique commence à se développer (Figure 1-27).

Comme dans le cas de la couche limite dynamique, il existe une coordonnée axiale pour laquelle la couche limite thermique remplit toute la section transversale. La distance entre l'entrée dans le canal et cette coordonnée s'appelle *longueur d'établissement du profil thermique*, L_{th}. Cette longueur a une grande importance dans l'écoulement laminaire, parce qu'elle devient très importante pour une valeur élevée du nombre de Prandtl.

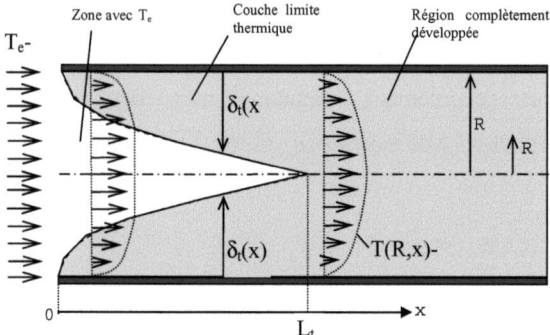

Figure 1-27 : Développement de la couche limite thermique pour $T_w < T(R,x)$

La longueur de canal nécessaire à l'établissement du profil de la température pour une **température de paroi uniforme** et l'écoulement du fluide entre deux plaques, se calcule par la relation de Shah (1975) (citée par Huetz et Petit, 1990) :

$$\frac{L_{th}}{D_h} = 8 \cdot 10^{-3} \, \text{Pe}_{D_h} \tag{1-32}$$

où Pe représente le nombre de Péclet du fluide (Pe=Re·Pr).

98

Pour des canaux à **flux surfacique constant**, Shah a proposé la corrélation :

$$\frac{L_L}{D_h} = 0,0115 \, Pe_{D_h} \qquad\qquad (1\text{-}33)$$

Dans le Tableau 1-9 sont présentées des corrélations de calcul du nombre de Nusselt proposées par *Shah*, en fonction de la longueur adimensionnelle x^* ou L^*, suivant la nature locale (x^*) ou moyenne (L^*) du nombre de Nusselt :

$$x^* = L^* = \frac{x}{D_h \, Pe_{D_h}} \qquad\qquad (1\text{-}34)$$

Les corrélations sont valables pour un profil de vitesses établi et un profil de températures en cours d'établissement.

Dans la littérature, la formulation du nombre de Nusselt basée sur la théorie de Graetz est très utilisée. Le nombre de Graetz (Gz) représente la valeur inverse de x^* ou L^*, selon la nature du phénomène : local ou moyen.

Expression du nombre de *Nusselt*	Validité

Plaques parallèles isothermes($T_{w1}=T_{w2}=cte$)

	Expression	Validité
Nu local	$\mathrm{Nu}_{D_h}(x)=1,233(x^*)^{-1/3}+0,4$	$x^* \leq 10^{-3}$
	$\mathrm{Nu}_{D_h}(x)=7,541+$ $6,874(10^3\,x^*)^{-0,488}e^{-245x^*}$	$x^* > 10^{-3}$
Nu moyen	$\mathrm{Nu}_m=1,849(L^*)^{-1/3}$	$L^* \leq 5\cdot10^{-4}$
	$\mathrm{Nu}_m=1,849(L^*)^{-1/3}+0,6$	$5\cdot10^{-4}<L^*\leq 6\cdot10^{-3}$
	$\mathrm{Nu}_m=7,541+\dfrac{0,0235}{L^*}$	$L^* > 6\cdot10^{-3}$

Plaques parallèles à flux surfacique constant ($\varphi_1=\varphi_2=cte$)

	Expression	Validité
Nu local	$\mathrm{Nu}_{D_h}(x)=1,490(x^*)^{-1/3}$	$x^* \leq 2\cdot10^{-4}$
	$\mathrm{Nu}_{D_h}(x)=1,490(x^*)^{-1/3}-0,4$	$2\cdot10^{-4}<x^*\leq 10^{-3}$
	$\mathrm{Nu}_{D_h}(x)=8,235+$ $8,68(10^3\,x^*)^{-0,506}e^{-164x^*}$	$x^* > 10^{-3}$
Nu moyen	$\mathrm{Nu}_m=2,236(L^*)^{-1/3}$	$L^* \leq 10^{-3}$
	$\mathrm{Nu}_m=2,236(L^*)^{-1/3}+0,9$	$10^{-3}<L^*<10^{-2}$
	$\mathrm{Nu}_m=8,235+\dfrac{0,0364}{L^*}$	$L^* \geq 10^{-2}$

**Tableau 1-9 : Expressions du nombre de Nusselt
pour un profil de vitesses établi et un profil de
températures en cours d'établissement**

(Huetz et Petit, 1990)

Ecoulement complètement développé

Lorsque le profil hydraulique et le profil de températures sont établis, l'écoulement est dit complètement développé. A l'entrée du canal ($x=0$) le nombre de Nusselt est en principe infini et après il décroît asymptotiquement vers celui de la zone complètement développée où il devient constant, indépendant des valeurs des nombres de Reynolds et Prandtl .

Dans ce cas de figure, pour un canal rectangulaire de largeur a et de hauteur b, avec un rapport a/b (largeur / hauteur) supérieur à 10 (dans notre cas a/b=13,33), les valeurs trouvées par Shah et London (1978) sont :

- pour une température de paroi uniforme : Nu = 7,541 ;
- pour un flux thermique uniforme : Nu = 8,235.

4.2.1.2 Fluide monophasique en écoulement turbulent

Dans le cas des écoulements turbulents, les deux couches limites se développent simultanément et la longueur d'établissement hydraulique est approximativement égale à la longueur d'établissement thermique (Leca *et al.*, 1998) :

$$L_{th} \approx L_h \qquad (1\text{-}35)$$

Pour déterminer les deux longueurs, Bejan et Kraus (2003) donnent la relation :

$$L_{th} \approx L_h \approx 10D \qquad (1\text{-}36)$$

Ce critère est particulièrement valide pour des fluides ayant des nombres de Prandtl de l'ordre 1. Pour des conduits à sections non circulaires, D est la dimension la plus petite de la section.

Dans le Tableau 1-10 sont présentées des corrélations du nombre de Nusselt en régime de transition et turbulent. Les corrélations sont données pour des canaux avec une section circulaire, mais l'auteur suggère leur utilisation pour des canaux rectangulaires en utilisant comme longueur caractéristique le diamètre hydraulique (D_h) au lieu du diamètre du tube. Les températures T_m et T_w correspondent à la température moyenne du fluide et à celle de la paroi

Auteur	Expression de Nu	Conditions d'application
Gnielinski	$\mathrm{Nu}_D = 0,012\left(\mathrm{Re}_D^{0,87} - 280\right)\mathrm{Pr}^{0,4}\left[1+\left(\dfrac{D}{L}\right)^{\frac{2}{3}}\right]$	$1,5 \leq \mathrm{Pr} \leq 500$; $2300 < \mathrm{Re}_D$ $< 5\cdot10^6$
Hausen	$\mathrm{Nu}_D = 0,116\left(\mathrm{Re}_D^{2/3} - 125\right)\mathrm{Pr}^{1/3}\left(\dfrac{\mu(T_m)}{\mu(T_w)}\right)^{0,14}$ $\left[1+\left(\dfrac{D}{L}\right)^{\frac{2}{3}}\right]$	$2300 < \mathrm{Re}_D < 10^4$
Colburn	$\mathrm{Nu}_D = 0,023\,\mathrm{Re}_D^{0,8}\,\mathrm{Pr}^{1/3}$	$0,7 \leq \mathrm{Pr} \leq 160$; $\mathrm{Re}_D \geq 10^4$; $L/D \geq 60$
Sieder-Tate	$\mathrm{Nu}_D = 0,027\,\mathrm{Re}_D^{0,8}\,\mathrm{Pr}^{1/3}\left(\dfrac{\mu(T_m)}{\mu(T_w)}\right)^{0,14}$	$0,7 \leq \mathrm{Pr} \leq 16700$; $\mathrm{Re}_D \geq 10^4$; L/D ≥ 60
Dittus-Boelter	$\mathrm{Nu}_D = 0,023\,\mathrm{Re}_D^{0,8}\,\mathrm{Pr}^n$	$0,7 \leq \mathrm{Pr} \leq 160$; $\mathrm{Re}_D \geq 10^4$; $L/D \geq 60$ $n=0,4$ à $T_w > T_m$ et $n=0,3$ à $T_w < T_m$
Miheev	$\mathrm{Nu}_D = 0,021\,\mathrm{Re}_D^{0,8}\,\mathrm{Pr}^{0,43}\left(\dfrac{\mathrm{Pr}(T_m)}{\mathrm{Pr}(T_w)}\right)^{1/4}$	$0,6 \leq \mathrm{Pr} \leq 2500$; $10^4 < \mathrm{Re}_D < 5\cdot10^6$; $L/D > 50$

Tableau 1-10 : Corrélations de calcul du nombre de Nusselt moyen pour un écoulement turbulent complètement développé (Badea, 2005)

4.2.2 Cas des fluides frigoporteurs diphasiques solide-liquide

4.2.2.1 Transfert de chaleur convectif pour des fluides diphasiques sans changement de phase

Ecoulement laminaire

Dans un canal horizontal et pour des vitesses faibles de la suspension, à cause du phénomène de sédimentation, le transfert de chaleur à la périphérie de la couche sédimentaire se détériore (Rozenblit et al., 2000). Ce phénomène est causé par "l'effet d'isolation" produit par les particules qui sédimentent. Il existe des situations dans lesquelles ce phénomène peut produire une surchauffe locale. Les auteurs ont observé aussi une intensification des transferts thermiques pour une augmentation de la concentration en particules.

Un phénomène intéressant a été observé par Kim *et al.* (2001b), pour l'écoulement vertical d'un fluide chargé en particules de verre. Pour de faibles vitesses, les particules qui s'écoulent au voisinage de la paroi frappent périodiquement la paroi cassant la couche limite. Ceci a pour résultat, une augmentation des transferts de chaleur. Ils ont observé également, que les particules qui « participent » aux collisions ne sont pas entraînées dans l'écoulement principal. Elles s'écoulent en cognant la paroi, dans une couche annulaire distincte.

Ecoulement turbulent

Les études concernant l'écoulement turbulent de suspensions sans changement de phase ne sont pas nombreuses et les observations des auteurs sont parfois contradictoires.

Dans le Tableau 1-11 sont présentées des corrélations pour la détermination du nombre de Nusselt dans un écoulement turbulent de suspensions

Auteur	Expression de Nu	Validité
Salamone et Newman (1955)	$\mathrm{Nu} = 0,131\,\mathrm{Re}^{0,62}\,\mathrm{Pr}^{0,72}$ $\left(\dfrac{\lambda_p}{\lambda_f}\right)^{0,05}\left(\dfrac{D}{d_p}\right)^{0,05}\left(\dfrac{C_{pp}}{C_{pf}}\right)^{0,35}$	$\mathrm{Re} \geq 14000$ $3,4 \leq \mathrm{Pr} \leq 12,7$ $1,5\,\mu\mathrm{m} \leq d_p \leq 56\,\mu\mathrm{m}$ $0,09 \leq C_{pp}/C_{pf} \leq 0,22$ $2,3\ \% \leq c_v \leq 10,7\ \%$ Canal circulaire
Harada et al. (1985)	$\mathrm{Nu} = 0,0161\,\mathrm{Re}^{0,88}\,\mathrm{Pr}^{1/3}\left(\dfrac{\mu\left(T_f\right)}{\mu\left(T_w\right)}\right)^{-0,14}$	$8000 \leq \mathrm{Re} \leq 50000$ $1\ \% \leq c_v \leq 10\ \%$ $0,024 \leq d_p/D \leq 0,071$ Canal circulaire
Harada et al. (1989)	$\mathrm{Nu} = 0,035\,\mathrm{Re}^{0,88}\,\mathrm{Pr}^{1/3}\left(\dfrac{\mu\left(T_f\right)}{\mu\left(T_w\right)}\right)^{-0,14}$	$0 \leq c_v \leq 5\ \%$ $0,0058 \leq d_p/D \leq 0,017$ Canal rectangulaire

Tableau 1-11 : Corrélations du nombre de Nusselt pour l'écoulement turbulent d'une suspension sans changement de phase

4.2.2.2 Transfert de chaleur convectif pour des fluides frigoporteurs diphasiques solide-liquide avec changement de phase

Pour des suspensions avec des particules à changement de phase, le transfert de chaleur convectif peut être considérablement augmenté par le changement de phase des particules. La distribution des températures et des vitesses dans l'écoulement, la viscosité, la capacité thermique massique moyenne et d'autres paramètres thermodynamiques de la suspension peuvent être modifiés par le changement de phase. Une approche théorique et expérimentale des suspensions à changement de phase est donc difficile en raison du nombre élevé de paramètres qui interviennent.

Hu et Zhang (2002) ont observé que la corrélation conventionnelle pour le nombre de Nusselt ne peut pas décrire avec fidélité le comportement d'une suspension avec changement de phase dont la chaleur spécifique apparente est fortement dépendante de la température.

Ecoulement laminaire

Une étude thermo-hydraulique sur un coulis chargé en microcapsules (octadécane comme MCP) de 2 à 10 μm de diamètre et une fraction volumique de 0 à 30 %, a été réalisée par Yamagishi *et al.* (1999). Les résultats montrent un changement de la structure d'écoulement d'un régime turbulent à un régime laminaire avec l'augmentation de la fraction volumique. Ceci a une influence majeure sur les transferts de chaleur. La fusion des MCPME (MCP micro encapsulé) dans un écoulement laminaire apparaît dans un intervalle de températures autour de la température de fusion du MCP. Dans ce cas, la variation de la température de fusion affecte l'estimation du coefficient d'échange de chaleur. En effet, il est très difficile de mesurer la température moyenne de la suspension, car la fusion des particules peut apparaître aléatoirement, même dans les portions non-chauffés de l'installation. Dans les portions chauffées de la section d'essai, à cause d'un mélange incomplet de la suspension pour un écoulement laminaire, un phénomène de fusion incomplète du MCP a été également observé.

Pour le calcul du nombre de Nusselt dans l'écoulement laminaire d'un coulis de glace dans un conduit circulaire à flux surfacique constant, Ben Lakhdar *et al.* (1999) proposent une corrélation basée sur le nombre de Graetz (Gz) :

$$\mathrm{Nu}_D = 38,3\,\mathrm{Gz}^{0,15} c_m^{0,52} \tag{1-37}$$

où : $\mathrm{Gz} = \pi\,\mathrm{Re}\,\mathrm{Pr}\,D/(4x)$; x est la position axiale. Re et Pr dans l'expression de Graetz sont calculés pour les propriétés moyennes du coulis de glace. L'équation (1-37) est valable pour $3 < \mathrm{Re} < 2000$, $5 \cdot 10^3 < \mathrm{Gz} < 10^6$ et $0 < c_m < 35\,\%$. La corrélation a une incertitude de 13 % et a été déduite de 245 points expérimentaux.

Stamatiou et Kawaji (2005) ont réalisé une étude expérimentale sur les transferts thermiques convectifs du coulis de glace entrant verticalement vers le haut dans un canal rectangulaire ayant un rapport hauteur/largeur égal à 1/12. Les auteurs ont modifié la corrélation de Ben Lakdar *et al.* (1999), en ajoutant une correction sur la viscosité. A partir de 180 points expérimentaux ils ont déduit l'expression :

$$\mathrm{Nu}_D = 4\,\mathrm{Gz}^{0,486} c_m^{0,30} \left(\frac{\mu_f}{\mu_w}\right)^{0,24} \tag{1-38}$$

La corrélation a une incertitude de 15 % et est valable pour : $2100 < \mathrm{Re} < 4000$ et $1 < c_m < 25\,\%$.

Ecoulement turbulent

Dans la plupart des modèles théoriques pour le transfert thermique impliquant des MCP, les auteurs ont considéré les transferts de chaleur en écoulement laminaire. Or, une part importante des applications industrielles du MCP est envisagée en écoulement turbulent.

Pour un écoulement turbulent d'une suspension chargée en MCP microencapsulés , Yamagishi *et al.* (1999) ont observé une augmentation des coefficients locaux de transfert de chaleur pendant la fusion du MCP. Ce phénomène compense la dégradation du transfert de chaleur associé à l'augmentation de la viscosité du mélange par rapport à la viscosité du fluide monophasique. Cette étude montre que la valeur maximale du coefficient local de transfert de chaleur dépend de la concentration en particules, du degré de turbulence et de la densité de flux dans la section d'essai.

L'écoulement turbulent d'un coulis de glace dans un tube horizontal de 24 mm en diamètre et 4,5 m de longueur a été étudié par Knodel et al (Knodel et al, 2000). Le phénomène du laminarisation d'écoulement qui est considéré comme étant la cause de la réduction du frottement du coulis de glace est attribué à la diminution du taux de transfert thermique. L'écoulement se déplaçant d'un état turbulent vers un

107

état laminaire réduit le coefficient de transfert thermique.

Dans le cas d'un coulis de glace qui s'écoule dans un échangeur de chaleur, la réduction du coefficient de transfert thermique du coulis est indésirable parce qu'il nécessite de plus grandes surfaces d'échange. A partir de leurs résultats expérimentaux, les auteurs ont conclu que le nombre de Nusselt pour un coulis de glace dans un conduit de petit diamètre peut être rapporté à celui d'un écoulement monophasique, donné par relation de Petukhov. La corrélation obtenue, valable pour des fractions massiques de plus de 4 %, est la suivante :

$$\frac{\mathrm{Nu}_D}{\mathrm{Nu}_{Pe}} = 0,885 \qquad (1\text{-}39)$$

où :

$$\mathrm{Nu}_{Pe} = \frac{(f/8)\,\mathrm{Re}_f\,\mathrm{Pr}_f}{K_1 + K_2 (f/8)^{0,5}\left(\mathrm{Pr}_f^{2/3} - 1\right)} \qquad (1\text{-}40)$$

avec : $K_1 = 1 + 3,4 f$; $K_2 = 11,7 + 1,8\,\mathrm{Pr}^{-1/3}$ et $f = \left(1,82 \log \mathrm{Re}_f - 1,64\right)^{-2}$.

De la même manière que Knodel *et al.*, pour l'écoulement turbulent du coulis de glace, Stamatiou et Kawaji (2005) proposent une corrélation pour le nombre de Nusselt diphasique fonction du nombre de Nusselt pour le fluide porteur. De même que dans l'écoulement laminaire, les auteurs ajoutent une correction sur la viscosité. Ainsi, ils ont déduit l'expression :

$$\mathrm{Nu}_D = \mathrm{Nu}_{Gn}\left[1 + 1,85 \cdot 10^5\, c_m^{0,72}\,\mathrm{Re}_f^{-1,30}\left(\frac{\mu_f}{\mu_w}\right)^{2,47}\right] \qquad (1\text{-}41)$$

avec le nombre de Nusselt de Gnielinski donné par :

$$Nu_{Gn} = \frac{(f/8)(Re_f - 1000)Pr_f}{1 + 12,7(f/8)^{0,5}(Pr_f^{2/3} - 1)} \text{ avec}$$

$$f = (1,58 \ln Re_f - 3,28)^{-2}$$

(1-42)

L'équation (1-42) conduit à une incertitude de 15 % et est valable pour : $3300 < Re < 11000$ et $0 < c_m < 25\%$. Les auteurs suggèrent que les différences entre la corrélation proposée et les valeurs mesurées sont à attribuer aux longueurs thermiques d'entrée plus courtes impliquées dans leur étude. L'augmentation du coefficient d'échange due à la présence des particules de glace est de 1,2 à 5 fois par rapport au fluide monophasique pour toute la gamme du nombre de Reynolds utilisée.

5 Propriétés thermophysiques du coulis de paraffine

La connaissance des propriétés thermophysiques des fluides frigoporteurs diphasiques est indispensable à la modélisation des phénomènes de transferts thermique et de masse. A partir des propriétés thermo-réologiques sont calculés des nombres adimensionnels (Reynolds, Prandtl, Nusselt). Aussi avons rassemblé dans ce paragraphe les propriétés de ce fluide.

5.1 Masse volumique

Le coulis de paraffine stabilisé que nous étudions est composé d'une phase porteuse qui est l'eau et de particules solides de gel de paraffine en suspension.

La masse volumique de la suspension peut s'exprimer de la façon suivante, en écrivant l'équirépartition entre la masse de la phase dispersée et la masse de la phase liquide :

$$\rho_s = c_v \rho_p + (1 - c_v) \rho_l \qquad (1\text{-}43)$$

Avec ρ_s : Masse volumique de la suspension.

ρ_p : Masse volumique des particules.

ρ_l : Masse volumique du liquide porteur.

c_v : Concentration volumique en particules.

La relation entre la fraction massique et la fraction volumique est :

$$c_v = c_m \frac{\rho_s}{\rho_p} \qquad (1\text{-}44)$$

Pour réaliser des bilans d'énergie, il faut raisonner en quantité de matière. Pour cela il est plus adéquat de présenter des résultats en fonction de la concentration massique c_m de particules présentes en suspension. Nous tirons, en réalisant un bilan sur les volumes, la relation suivante :

$$\rho_s = \frac{1}{\dfrac{c_m}{\rho_p} + \dfrac{1 - c_m}{\rho_l}} \qquad (1\text{-}45)$$

Propriétés de l'eau

La masse volumique de l'eau dépend de la température selon l'équation :

$$\rho_l = 999,9 + 0,0315\,\theta - 0,0057\,\theta^2$$

avec θ varie de 0 à $20°C$

(1-46)

Le tableau 1-12 donne quelques valeurs de la masse volumique de l'eau :

Température (°C)	0	4	8	12	16	18	20
Masse volumique (kg.m^{-3})	999,9	999,9	999,8	999,5	998,9	998,6	998,3

Tableau 1-12 : Masse volumique de l'eau

Masse volumique de la suspension

Nous présentons dans le tableau 1-13 les valeurs de la masse volumique de la suspension ρ_s pour différentes valeurs de la concentration massique C_m. Nous prendrons la valeur de la masse volumique de l'eau à 20°C de 998,3 kg.m^{-3} et celle du M.C.P., 810 kg.m^{-3} à 20°C,

Concentration Massique (%)	0	6	12	18	24	29	35
Masse volumique de la suspension (kg.m^{-3}) à 20°C	998	986	975	964	953	943	933

Tableau 1-13 : Masses volumiques de la suspension à 20°C pour différentes concentrations massiques

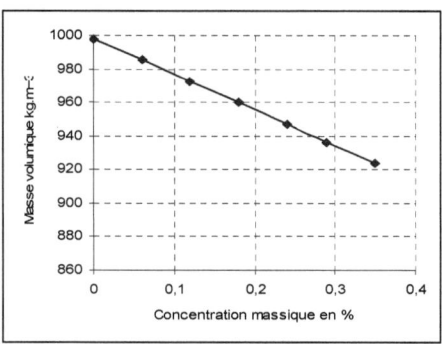

Figure 1-28 : Masses volumiques de la suspension en fonction de la concentration massique en particules.

5.2 Capacité thermique massique

La capacité thermique massique d'une suspension diphasique doit être évaluée très attentivement pour considérer les effets du changement de phase. Dans un modèle de la capacité thermique effective (ou équivalente), on suppose que le matériau à changement de phase fond dans un intervalle de température fini de sorte que la capacité du MCP et de la suspension est fonction de la température. Cependant, si la dépendance vis-à-vis de la température est incluse dans la capacité thermique du MCP, on peut considérer la variation de la capacité thermique de la suspension fonction de la concentration massique en particules (Roy et Avanic, 2001a) :

$$C_{ps} = c_m \cdot C_{pp} + \left(1 - c_m\right)C_{pl}$$

$$\text{avec } c_m = c_v \cdot \frac{\rho_p}{\rho_s} \cong c_v$$

(1-47)

Pour le Matériau à Changement de Phase(M.C.P.) et l'eau entre 0 °C et 20 °C les variations de la capacité thermique massique en fonction de la température issue de la DSC sont données par la figure Figure 1-29.

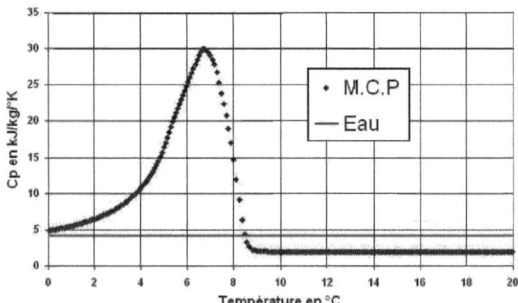

Figure 1-29 : Chaleur massique de l'eau et du MCP sur la plage de température entre 0°C et 20°C

Dans la partie linéaire des deux courbes, entre 10 °C et 20 °C, , C_p est quasiment constant, nous prendrons 1,95 kJ.kg^{-1}.K^{-1} pour le M.C.P. et 4,19 kJ.kg^{-1}.K^{-1}pour l'eau. Nous obtenons les valeurs suivantes de la capacité thermique massique de la suspension C_{ps} pour différentes concentrations massiques (Tableau 1-14)

Concentration massique (%)	0	6	12	18	24	29	35
Capacité thermique massique de la suspension(kJ.kg^{-1}.K)	4,19	4,07	3,97	3,85	3,74	3,63	3,52

Tableau 1-14 : Capacité thermique massique de la suspension entre 10 et 20 °C pour différentes concentrations massiques en particule

Plus la concentration en M.C.P. est importante plus la valeur de la capacité thermique de la suspension tend à baisser dans cette gamme de températures. La capacité du M.C.P. à absorber ou à céder de l'énergie est plus faible que celle de l'eau, sur cette gamme de température ce qui explique cette diminution.

La Figure (1-30) donne l'évolution de la capacité thermique de la suspension sur l'ensemble de la gamme de température de 0°C à 20°C.

La chaleur massique de la suspension, suit l'allure générale de la chaleur massique du M.C.P. Elle présente un pic autour de 7°C, qui s'étale plus ou moins suivant, respectivement, que CM croît ou décroît. La valeur maximale de C_{ps} est d'autant plus importante que la valeur la concentration massique augmente, ce qui était prévu par la formulation générale du C_{ps} donnée par l'équation (1-47).

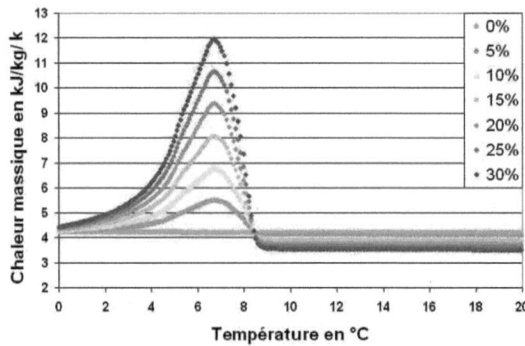

Figure 1-30 : Chaleur massique de la suspension, sur la plage de températureentre 0°C et 20°C

114

5.3 Conductivité thermique

La conductivité thermique est définie comme étant la quantité de chaleur qui traverse un milieu soumis à un gradient de température dans l'unité de temps et par unité de surface. La conductivité thermique des suspensions dépend en général du taux de cisaillement local et change à travers le champ d'écoulement.

La conductivité thermique d'une suspension au repos est calculée à partir d'équation (1-48) comme cela a été suggéré par Maxewll, cité par Charunyakorn *et al.* (1991).

$$\lambda_s = \lambda_l \frac{\lambda_p + 2\lambda_l + 2c_v\left(\lambda_p - \lambda_l\right)}{\lambda_p + 2\lambda_l - c_v\left(\lambda_p - \lambda_l\right)} \qquad (1\text{-}48)$$

où λ_p et λ_l sont, respectivement, les conductivités thermiques des particules et de la phase liquide suspendante. L'équation (1-48) est valable pour des suspensions chargées en particules sphériques, dans lesquelles la distance entre les particules est grande par rapport au diamètre des particules (c_v<10 %). Bien que cette corrélation ait été développée pour des systèmes statiques, elle a été utilisée avec des bons résultats pour l'écoulement des mélanges solide-liquide.

Par contre, pour une suspension en écoulement et à cause de l'interaction particules-fluide, certains auteurs tels que Ismail et Radwan (1999) ont remarqué que la conductivité thermique réelle de la suspension est plus grande que celle donnée par la relation de Maxwell. En utilisant des solutions diluées pour différents nombres de Péclet de la particule, ils ont proposé une corrélation générale pour la conductivité réelle, donnée par l'équation :

$$\lambda_{sa} = \lambda_s \left(1 + B\, c_v\, \mathrm{Pe}_p^m \right)$$ (1-49)

Les valeurs des constantes B et m sont données dans le Tableau 1-15 en fonction du nombre de Péclet de la particule. Le nombre de Péclet des particules est défini par : $Pe_p = \tau\, d_p^2\, \alpha_l^{-1}$, avec τ, le gradient de vitesse locale et α_l, la diffusivité thermique du fluide porteur. Il caractérise l'influence des effets micro-convectifs sur la conductivité globale de la suspension.

Auteur	Coefficient B	Exposant m	Domaine de Pe_p
Leal (1973)	3,0	1,5	$Pe_p \leq 1$
Nir et Acrivos (1976)	Déterminé expérimentalement	1/11	$1 \leq Pe_p \leq 300$
Charunyakorn et al (1991)	1,8	0,18	$1 \leq Pe_p \leq 300$

Tableau 1-15 : Valeurs des constantes B et m

Aux faibles nombres de Péclet, Charunyakorn et al. (1991) ont constaté que l'augmentation de la conductivité est modeste : les effets micro-convectifs semblent n'être qu'une perturbation des transports moléculaires. Aux nombres de Péclet élevés, la conductivité apparente est plusieurs fois supérieure, indiquant que les effets micro-convectifs dominent le transport.

Roy et Avanic (2001a) ont observé que la conductivité thermique d'une suspension peut être considérée comme constante puisque la conductivité thermique du MCP ne change pas significativement pendant le changement de phase. Dans leur étude, pour une suspension ayant une concentration volumique faible (10-20 %), même si la variation de la conductivité thermique du MCP est de l'ordre de 20-30 %, l'effet global a été très faible. Par exemple, dans le cas d'une suspension de 10 % de n-hexadecane dans l'eau, si la conductivité thermique du MCP varie de 30 % pendant le processus de fusion - solidification, l'effet global sur la conductivité thermique de la suspension est de l'ordre de 1,2 %.

La conductivité thermique de l'eau en fonction de la température est donnée par :

$$\lambda_l = 0,666 + 0,0009.\theta \qquad (1\text{-}50)$$

On prend la valeur de 0,675 $W \cdot m^{-1} \cdot K^{-1}$ de la conductivité thermique l'eau à 10°C Pour le M.C.P on prendra 0,25 $W \cdot m^{-1} \cdot K^{-1}$.

5.4 Enthalpie massique de la suspension

Les fluides frigoporteurs diphasiques à changement de phase solide-liquide présentent un grand avantage du fait qu'ils peuvent transporter du froid préalablement stocké sous forme de chaleur latente. Ce stockage d'énergie peut être évalué en intégrant, sur l'intervalle de température souhaité, les valeurs prises par la chaleur massique du fluide frigoporteur. L'enthalpie ΔH d'un matériau est définie de la manière suivante, en fonction de sa chaleur massique C_p :

117

$$\Delta H = \int_{T_1}^{T_2} mC_p dT \qquad (1\text{-}51)$$

L'enthalpie massique d'un matériau, que nous noterons Δh_m est définie comme étant l'enthalpie par unité de masse du matériau.

L'expression de l'enthalpie massique du coulis de paraffine stabilisé en fonction de la concentration massique en particule de M.C.P. dans le fluide suspendant est donnée par la relation suivante :

$$h = C_m \int_{T_1}^{T_2} C_{p_p} dT + (1 - C_m) \int_{T_1}^{T_2} C_{p_l} dT \qquad (1\text{-}52)$$

Le tableau (1-16) donne les valeurs de l'enthalpie massique du coulis de paraffine pour différentes valeurs de la concentration massique en particules.

Concentration massique en %	0	6	12	18	24	29	35
Enthalpie massique de la suspension en $kJ.kg^{-1}$	41,9	45,8	49,7	53,7	57,6	61,5	65,5

Tableau 1-16 : Enthalpie massique de la suspension pour différentes concentrations massiques

Le gain en densité énergétique du coulis de paraffine peut atteindre 55 % pour une concentration massique de 30 %, ce qui est intéressant énergétiquement, puisque pour obtenir un même flux moyen avec de l'eau seule, nous pouvons réduire la puissance de pompage d'autant.

5.5 Viscosité dynamique de la suspension

La viscosité dynamique d'un mélange diphasique solide-liquide dépend de la concentration volumique en particules et de la viscosité de la phase suspendante.

La complexité d'évaluation de la viscosité d'une suspension a conduit la majorité des auteurs à construire leur théorie en partant de l'équation d'Einstein (1-53).

L'équation est valable pour des suspensions très diluées (c_v < 1 %), en écoulement laminaire, avec des particules sphériques de petite taille (d_p < 2 µm) et sans glissement à la surface des sphères. La viscosité est alors une simple fonction de la concentration :

$$\mu_s = \mu_l (1 + 2,5 C_v) \tag{1-53}$$

Dans l'équation d'Einstein, l'effet de la taille des particules et/ou de leurs positions n'est pas pris en considération, du fait que l'effet des autres particules dans cette approche est négligé. La corrélation la plus utilisée pour déterminer la viscosité d'une suspension, qui prend en compte, en plus de l'influence de la concentration volumique, l'interaction entre les particules solides, est basée sur l'équation de Thomas (Kitanovski et Poredos, 2002a) :

$$\mu_s = \mu_l (1 + 2,5 C_v + 10,5 C_v^2 + 0,00273 \exp(16,6 C_v)) \tag{1-54}$$

L'équation de Thomas est valable pour des concentrations allant jusqu'à c_v = 62,5 % et des dimensions de particules comprises entre 0,099 et 435 µm, l'écoulement étant de plus supposé homogène.

L'influence de la dimension des particules sur la viscosité pour des concentrations $c_v < 20$ %, se traduit par une différence relative de l'ordre de 6 % sur la viscosité. Quand la concentration augmente jusqu'à une valeur maximale du facteur de compacité (le rapport entre la masse de particules et la masse initiale de la solution), l'influence des particules devient plus importante. Pour un écoulement hétérogène, la dimension des particules a une influence importante, tout particulièrement dans le cas des faibles vitesses. Les forces d'interaction dans un écoulement hétérogène sont plus importantes que dans le cas d'un écoulement homogène, en conséquence, la viscosité locale dans la partie inférieure ou supérieure du canal augmente très vite et influence la valeur moyenne de la viscosité.

L'équation de Thomas a été largement utilisée dans le cas du coulis de glace. Cependant, cette équation surévalue la viscosité du coulis de glace pour des fractions supérieures à 15 %, comme l'ont montré précédemment Hansen et Kauffeld (2000). Ces auteurs ont employé l'équation de Jeffrey (voir le tableau 1-17) avec la constante $A = 4,5$ pour obtenir le meilleur accord avec leurs résultats expérimentaux. Simultanément Frei et Egolf (2000) ont observé un comportement du coulis de glace dépendant du temps, ce qui pourrait être le résultat d'une taille des particules de glace différente et par conséquent une viscosité différente.

Le tableau (1-16) donne un certain nombre d'équations pour calculer la viscosité dynamique des fluides frigoporteurs diphasiques. La figure (1-31) donne la variation du rapport de la viscosité de la suspension et celle du liquide porteur en fonction de la fraction volumique en particules

Auteur	Expression de μ_s proposée	Remarques
Einstein (1906)	$\mu_l\left(1+2,5\,c_v\right)$	$c_v < 1\ \%$ $d_p < 2\mu m$
Kunitz (1926)	$\mu_l\dfrac{\left(1+2,5\,c_v\right)}{\left(1-c_v\right)^4}$	$10\ \% \le c_v \le 40\ \%$
Guth, Eugene et Simha (1936)	$\mu_l\left(1+2,5\,c_v+14,1\,c_v^2\right)$	$c_v > 2\ \%$
Simha	$\mu_l\left(1+1,5\,c_v\left(1+\dfrac{25\,c_v}{4\,f^3}\right)....\right)$	$1 < f < 2$ Suspension diluée. Suspension Newtonienne
	$\mu_l\left(1+\dfrac{54}{5\,f^3}\left(\dfrac{c_v}{1-\left(c_v/c_{vm}\right)^3}\right)\right)$	$c_v \rightarrow c_{vm}$ (c_{vm} est la fraction à partir de laquelle la suspension ne peut pas écouler encore) Suspension très concentrée Suspension newtonienne
Steimour (1944)	$\mu_l\exp\left(4,2\,c_v\right)$	$0 < c_v \le 4\ \%$
Vand (1945)	$\mu_l\left(1-c_v-1,16\,c_v^2\right)^{-2,5}$	$c_v > 20\ \%$ $0,3 < d_p < 400\ \mu m$ $20 < D/d_p < 100$
Vand (1948)	$\mu_l\exp\left(\dfrac{2,5\,c_v}{1-0,609\,c_v}\right)$	Sans interaction entre particules
	$\mu_l\exp\left(\dfrac{2,5\,c_v+2,7\,c_v^2}{1-0,609\,c_v}\right)$	Inclut doublet collision, mais non triplet collision
Ford (1960)	$\mu_l\left(1+2,5\,c_v+11\,c_v^5-11,5\,c_v^7\right)$	

Auteur	Expression de μ_s proposée	Remarques
Thomas (1965)	$\mu_l\left(\begin{array}{c}1+2,5c_v+10,5c_v^2+\\0,00273\exp\left(16,6c_v\right)\end{array}\right)$	$\rho_f \cong \rho_p$ $0 < c_v < 62,5\,\%$ $0,099 < d_p < 435\,\mu m$
Krieger (1972)	$\mu_l\left(1-\dfrac{c_v}{c_{vm}}\right)^{-1,82}$	
Graham et Steele (1984)	$\mu_l\left[1-\left(1+0,35\left(1-\dfrac{0,7404-c_v}{0,7404}\right)\right)^{3}\right)^{0,5}\right]c_v$	$\rho_f \cong \rho_p$ Forces de cisaillement nulles ($Re_p = 0$)
Leighton (1985)	$\mu_l\left(1+\dfrac{1,5c_v}{1-\left(c_v/c_{vm}\right)}\right)^2$	$\rho_f \neq \rho_p$ $c_{vm} = 58\,\%$
Mori-Ototake	$\mu_l\left(1+\dfrac{1,56c_v}{0,52-c_v}\right)$	$10\,\% \leq c_v \leq 40\,\%$
Frankel et Acrivos	$\mu_l\,c_v\left(1-\left(\dfrac{c_v}{c_{vm}}\right)^{\frac{1}{3}}\right)^{-1}$	Seulement les suspensions concentrées Suspension newtonienne
Mooney	$\mu_l\exp\left(\dfrac{2,5c_v}{1-K\,c_v}\right)$	$0,75 < K < 1,5$ K dépend de système Suspension newtonienne
Jeffrey	$\mu_l\left(1+A\,c_v\right)$	$2,5 < A < 10$ Particules ellipsoïdales Suspension newtonienne

Tableau 1-17: Corrélations de la viscosité dynamique des mélanges diphasiques en fonction de la fraction volumique de particules (Bel, 1996 ; Demasles, 2002 ; Kauffeld et al., 2005)

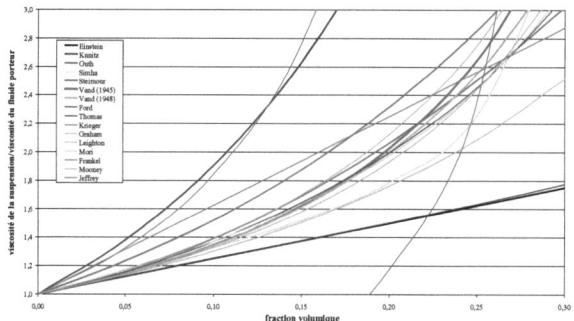

Figure 1-31 : Variation du rapport de la viscosité de la suspension –viscosité du liquide porteur en fonction de la fraction volumique en particules.

Les corrélations de Kunitz, Ford et Einstein présentent des valeurs très divergentes de celles des autres auteurs (Figure 1-31). A une concentration volumique de 20 %, les rapports des viscosités varient de 1,8 à 2,3. Une valeur moyenne est toujours donnée par la corrélation de Vand-1945 (Demasles, 2002).

$$\mu_s = \mu_f \left(1 - c_v - 1,16 c_v^2\right)^{-2,5} \qquad (1\text{-}55)$$

Dans notre modèle qui sera présenté dans le chapitre 3, nous allons utiliser la corrélation de Thomas qui tient bien en compte la dimension des particules de MCP qui est de l'ordre du millimètre tant que la concentration massique reste inférieure à 15%.

CHAPITRE 2 : ETUDE EXPERIMENTALE DU COMPORTEMENT THERMOHYDRAULIQUE DES COULIS DE PARAFFINE

Le pouvoir énergétique important des fluides frigoporteurs diphasiques liquide-solide, et le manque de données sur leurs comportements thermique et hydrodynamique ont amené de nombreux chercheurs à s'intéresser à ces fluides. La plupart des travaux rencontrés dans la littérature, présentent des résultats issus de modèles analytiques ou numériques et peu des résultats expérimentaux.

Les travaux sur les fluides diphasiques solide-liquide concernent deux axes de recherche :

- L'étude des MCP en statique dans le but de les utiliser comme moyen de stockage (Hasan (1994), Royon (1992), Bedecarrats & Dumas (1997), Zhang et al. (1999) ou Royon et al. (2000)).

- L'étude des MCP en suspension dans un écoulement dans le but de transporter du froid (Choi et al.(1993), Goël et al. (1994), Inaba & Morita (1995) ou Roy & Avanic (1997)). Dans le cas des suspensions en écoulement.

La majorité des études expérimentales concerne des échangeurs tubulaires et porte sur la phase de décongélation des MCP. En effet, il est plus simple de mesurer le flux de chaleur apporté par une résistance électrique dans le canal chaud, que de le mesurer dans le canal froid.

Néanmoins, les données expérimentales sont trop spécifiques aux échangeurs tubulaires et restent insuffisantes pour valider les modèles existants et permettre à ces fluides de faire leur apparition sur le marché du froid. Dans ce chapitre, un banc d'essais est décrit. Il a été mis au point pour étudier le comportement thermique et hydrodynamique d'un coulis de paraffine lors de la congélation du MCP.

1 Installation expérimentale

La conception et le montage de l'installation expérimentale ont été réalisés au CETHIL (Centre de Thermique de Lyon). Le fluide frigoporteur diphasique FFD étudié est une suspension de particules à changement de phase (Particules de paraffine) avec de l'eau comme fluide porteur.

1.1 Description de l'installation

Le schéma de l'installation utilisée est représenté sur la Figure 2-1, elle est constituée de trois circuits:

➢ le circuit frigorifique (R404a) qui assure la production de froid ;

➢ le circuit d'alcool (éthanol) ;

➢ le circuit du fluide frigoporteur diphasique (coulis de paraffine) dont le comportement thermo-hydrodynamique est étudié dans le cadre de cette thèse.

Les trois circuits sont connectés entre eux par des échangeurs de chaleur à plaques, qui seront présentés plus loin.

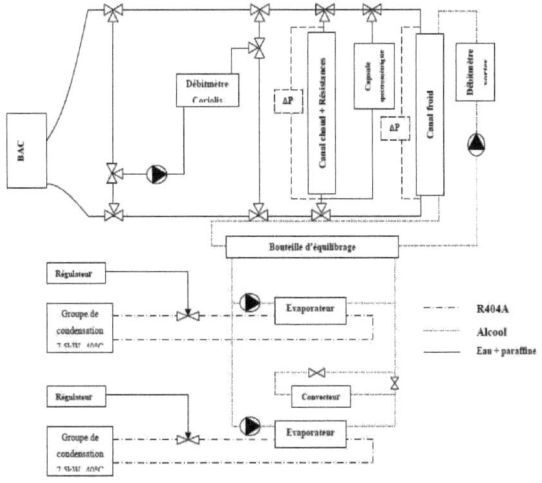

Figure 2-1 : Schéma de l'installation expérimentale

1.1.1 Circuit du fluide frigorigène

Le fluide frigorigène utilisé est du R404a. Ce fluide est un mélange pseudo-azéotropique à base de HFC constitué de 44 % en poids de R125, 52 % de R143a et 4 % de R134a.

Le circuit frigorifique (Figure 2-2) est constitué de deux groupes de condensation (COPELAND) identiques. La puissance frigorifique de chaque équipement est comprise entre 6,18 et 34,36 kW, selon la température. Dans l'application envisagée, nous utiliserons une puissance frigorifique de 7,5 kW correspondant à une température d'évaporation de –40 °C.

Chaque groupe frigorigène est constitué des éléments suivants :

- Un condenseur, dans lequel le fluide frigorigène est refroidi par l'air atmosphérique ;
- Un compresseur hermétique (COPELAND, modèle ZF48KE-TWD) ;
- Une bouteille de stockage du fluide frigorigène ;
- Un détendeur électronique (type EX2), qui règle l'alimentation de l'évaporateur en fluide frigorigène en fonction de la température de l'alcool à la sortie des évaporateurs. Le détendeur est commandé par un régulateur électronique EC2 ALCO CONTROLS.

Ces groupes de condensation sont équipés d'un régulateur électronique EC2 ALCO CONTROLS, qui a pour fonction de commander l'électrovanne de détente à impulsion EX2 ALCO CONTROLS qui règle la surchauffe du fluide frigorigène à la sortie de l'évaporateur.

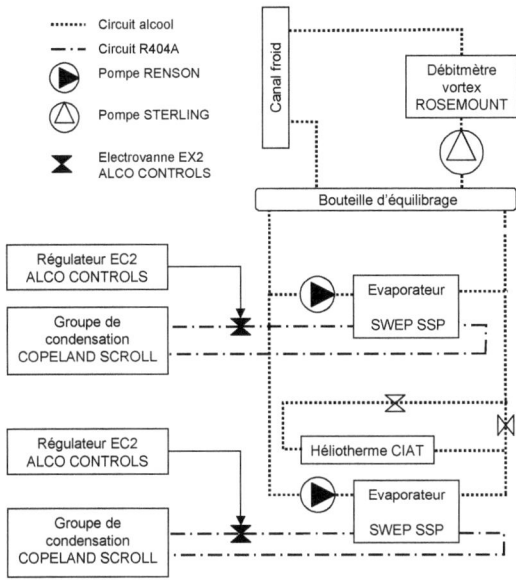

Figure 2-2 : Circuits du R404a et de l'alcool

Le circuit du frigorigène contient deux évaporateurs identiques, ce sont des échangeurs à plaques (SWEP SSP 2000 modèle V80x40H/1P) disposant de 40 plaques en acier inoxydable (AINSI 316L). Dans le circuit primaire de l'échangeur circule le fluide frigorigène R404a et dans le circuit secondaire circule, à contre-courant, l'éthanol. Pour une puissance thermique échangée de 8 kW, ces échangeurs sont capables de refroidir 4 $m^3.h^{-1}$ d'alcool de - 40 à - 45 °C.

1.1.2 Circuit d'alcool

Le circuit d'alcool (Figure 2-2) contient trois pompes :

- deux pompes à anneau liquide RENSON type AL25 d'une puissance maximale de 1,2 kW à 2800 tr.min^{-1}

- une troisième pompe centrifuge STERLING type ZLND de 2,2 kW à 1450 tr.min^{-1}.

Les deux pompes RENSON permettent la circulation de l'alcool dans les évaporateurs et le convecteur tandis que la pompe STERLING assure la circulation de l'alcool dans le canal froid. On peut faire varier le débit massique de l'alcool qui circule dans le canal froid à l'aide d'un variateur de vitesse DANFOSS type VLT 103 alimentant la pompe STERLING.

L'alcool refroidi est introduit dans une bouteille d'équilibrage stabilisant la pression vis-à-vis de la pompe principale d'alcool. Cette pompe, de type STERLING S1H1 ZLND 32-125, permet la circulation de l'alcool dans le canal froid.

Le circuit d'alcool comprend trois échangeurs de chaleur : les deux évaporateurs pour refroidir l'éthanol en utilisant le fluide frigorigène R404a. Le troisième échangeur est un convecteur Héliotherme CIAT série 2000 (HELIO 2450 3 MURAL N1 R) (Figure 2-3 (a)) à trois vitesses de circulation pour l'air qui sert à maintenir l'équilibre énergétique du système.

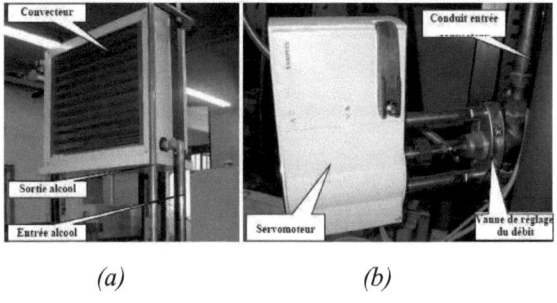

(a)   (b)

Figure 2-3 : Système de réchauffement de l'alcool :
(a) convecteur Héliotherme CIAT ;   (b) système
de réglage du débit d'alcool dans le convecteur

En réchauffant une fraction du débit d'alcool, le convecteur permet le contrôle de la température de l'éthanol à l'entrée du canal froid.

Deux vannes manuelles (quart de tour (ALCO, type BVA 138 RO124)) sont utilisées pour contrôler le débit qui traverse le convecteur (Figure 2-4).Un servomoteur de type SAUTER AVM234S commandé par un régulateur WEST 6100 assure le réglage de la vanne SAUTER MV43216e montée sur le circuit du convecteur (Figure 2-3 (b)). Le réglage de cette vanne est fait en fonction de la température de l'alcool à la sortie de la bouteille d'équilibrage.

Ainsi, une partie de l'éthanol circule dans le convecteur et l'autre partie circule directement vers la bouteille d'équilibrage.

On utilise un débitmètre à effet vortex type 8800 ROSEMOUNT pour mesurer le débit massique de l'alcool qui circule dans le canal froid. Ce débitmètre délivre un signal 4-20 mA proportionnel au débit massique.

Un vase d'expansion est prévu pour compenser les variations de volume de l'alcool dues aux variations de sa température. Cette bouteille est branchée à la sortie du convecteur, au point le plus haut de l'installation.

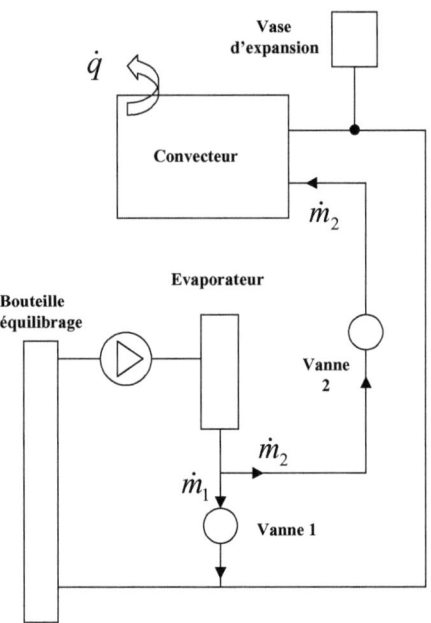

Figure 2-4 : Vannes de réglage manuel de la charge dans le convecteur

1.1.3 Circuit du fluide frigoporteur diphasique

Le coulis de paraffine (mélange d'eau et de particules de gel contenant de la paraffine Norpar® 15) est mis en circulation dans le circuit du FFD (Figures 2-5 et 2-6).

Le circuit est constitué partiellement par des tubes en PVC transparent d'un diamètre interne de 56 mm pour visualiser le comportement hydraulique de la suspension. Les particules de gel ont un diamètre moyen de l'ordre du millimètre et une fraction massique variable de 0 à 12 %.

Les éléments essentiels du circuit du fluide frigoporteur diphasique sont les deux canaux rectangulaires de type échangeur à plaques qui constituent la source froide et la source chaude du circuit, ils ont été fabriqués au CETHIL.

Les deux canaux représentent en fait les veines d'essais qui permettent l'étude thermique et hydraudynamique du fluide frigoporteur diphasique en phase refroidissement (congélation) et en réchauffement (fusion).

Le « lien » entre le circuit d'alcool et celui du fluide frigoporteur FFD est assuré par la veine dite « canal froid », qui permet le refroidissement du coulis de paraffine par l'éthanol, qui est refroidi à son tour par le fluide frigorigène.

Le coulis refroidi est réchauffé dans le veine d'essais dite « canal chaud » par des résistances électriques.

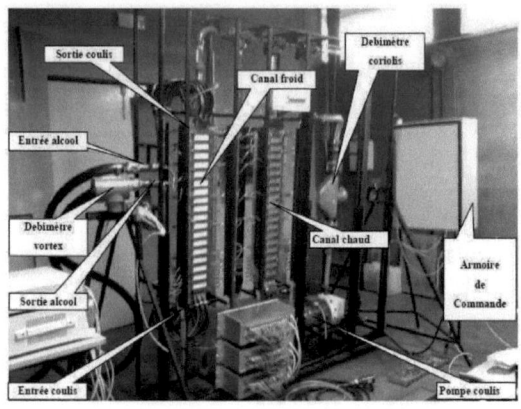

Figure 2-5 : Installation du coulis de paraffine

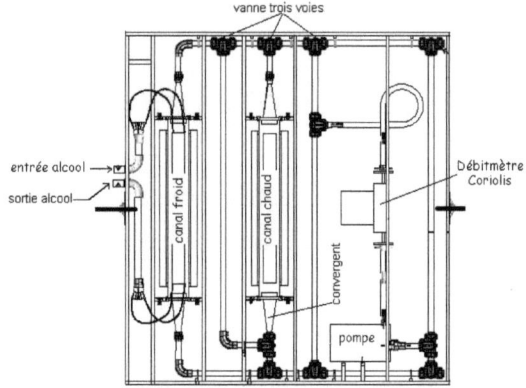

**Figure 2-6 : Schéma du circuit de coulis de
paraffine stabilisée**

La circulation du coulis de paraffine est assurée par
une pompe à vortex TURO-EGGER type T21-32 HF4
LB1 (Figure 2-7). La particularité de cette pompe est la
position reculée de la roue vers le stator, ce qui assure
une limitation du contact entre le fluide et la roue à un

maximum de 15 % du débit et évite le cisaillement important des particules.

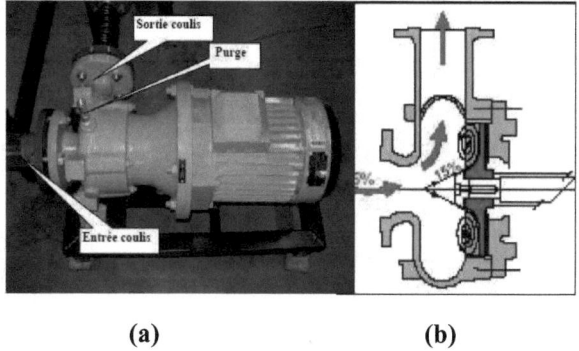

(a)   (b)

Figure 2-7 : La pompe de circulation du coulis de paraffine stabilisé : (a) vue d'ensemble ; (b) section

La puissance nominale du moteur de la pompe est de 2,2 kW et le réglage du débit du coulis de paraffine est assuré par un variateur de vitesse DANFOSS type VLT 103 permettant une vitesse de rotation de 600 à 3000 tr/min (10 à 50 Hz).

1.2 Description des canaux

Les éléments les plus importants du circuit du fluide frigoporteur diphasique sont les deux échangeurs de chaleur à savoir, les canaux "froid" et "chaud". Ces deux canaux sont rectangulaires à plaques lisses et ont été fabriqués et montées dans l'installation au CETHIL.

1.2.1 Canal froid

La veine d'essais utilisée pour étudier la phase de congélation du frigoporteur diphasique comporte trois canaux, schématisés sur la Figure 2-8.

Le coulis de paraffine circule dans le canal central, il entre par la partie inférieure et sort par sa partie supérieure. L'alcool "froid" entre dans les deux canaux latéraux extérieurs par la partie supérieure de l'échangeur, et permet ainsi le refroidissement du coulis. L'alcool qui a absorbé la chaleur du coulis sort "chaud" par la partie inférieure de l'échangeur.

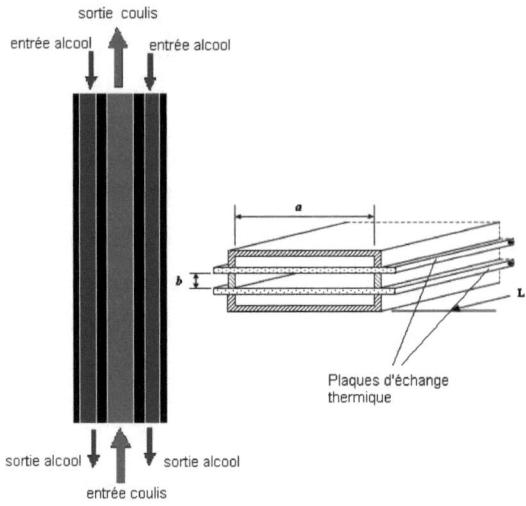

Figure 2-8 : Schéma du canal froid

Le canal où circule le coulis est composé de deux plaques d'acier inoxydable 304 de 130 mm en largeur, 4,5 mm d'épaisseur et 1110 mm de longueur. L'épaisseur du canal est fixée à 6 mm à l'aide de deux entretoises (6x3x1110 mm) en polyéthylène qui assurent aussi l'étanchéité latérale des canaux. L'ensemble des plaques est fixé par des vis TF 4 Allen. Les canaux d'alcool sont délimités par les deux plaques d'acier et deux coques-canalisation en polypropylène.

Ainsi, les canaux formés ont 1000 mm de longueur, 80 mm de largeur et 4 mm de hauteur. L'entrée et la sortie de l'alcool se fait par 5 tubes d'alimentation (Figure 2-9) fixées sur les coques en polypropylène grâce à des éléments de contre serrage.

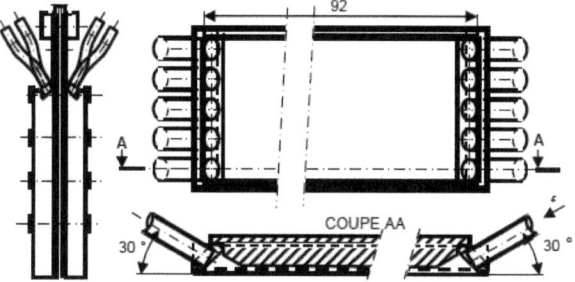

Figure 2-9 : Canal d'alcool

Le coulis de paraffine entre dans les canaux à travers des convergents en cuivre qui permettent de passer d'une section circulaire (canalisations) à une section rectangulaire sans que la valeur de cette section ne change. Le dimensionnement du convergent a été réalisé grâce à une modélisation utilisant le code de calcul Fluent en vue d'obtenir un écoulement établi hydrauliquement au début de la zone de refroidissement du canal. La sortie du coulis se fait par un divergent de mêmes dimensions que celles du convergent (Figure 2-10).

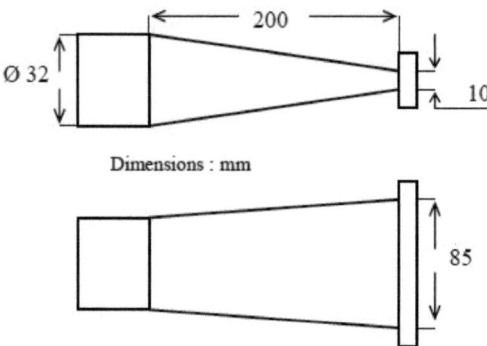

Dimensions : mm

**Figure 2-10 : Convergent d'entrée et divergent de
sortie du canal**

Le convergent et le divergent sont fixés sur le canal
par des plaques de fixation en acier placées sur des
piges en acier inoxydable. L'étanchéité entre le
convergent/divergent et les deux cotés du canal est
réalisée à l'aide de joints de caoutchouc.

1.2.2 Canal chaud

L'architecture du canal chaud est similaire à
celle décrite précédemment pour le canal froid : le
coulis de paraffine circule au centre, entre les plaques
en acier, et les résistances qui assurent le chauffage
sont placées de chaque côté (Figure 2-11). Elles sont au
nombre de dix-huit, assurant une puissance maximale
de 3,7 kW.

Les résistances sont commandées par un régulateur
(triac) qui permet de fixer une valeur de la puissance.

Figure 2-11 : Canal chaud

1.3 Dispositif de mesure

Dans ce travail, cinq grandeurs physiques ont été mesurées, les instruments de mesure sont donc regroupés en cinq catégories :

✓ les mesures de températures ;

✓ les mesures des pertes de pression ;

✓ les mesures de débit massique ;

✓ la mesure de la masse volumique ;

✓ la mesure de la puissance électrique des résistances dans le canal chaud.

1.3.1 Mesure de températures

Pour la mesure des températures des parois des plaques, chaque canal est muni de quatre séries de treize thermocouples de type K (cuivre-constantan) placés de part et d'autre des parois séparant le coulis et

139

l'alcool dans le canal froid, le coulis et les résistances chauffantes dans le canal chaud. L'implantation des thermocouples a été réalisée au CETHIL. La Figure 2-12 montre le positionnement des thermocouples sur les plaques d'inox.

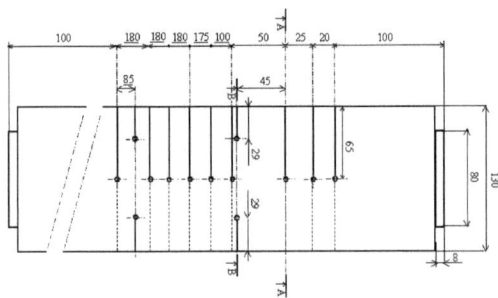

Figure 2-12 : Positionnement des thermocouples sur la plaque d'inox

Pour la détermination du flux thermique échangé entre l'alcool et le coulis (canal froid) et entre les résistances électriques et le coulis (canal chaud) les thermocouples placés de part et d'autre d'une même paroi des canaux de coulis sont appairés et montés comme indiqué sur la Figure 2-13.

La soudure « chaude » des thermocouples est placée sur la ligne médiane de la plaque dans une cavité de 25/100 de millimètre de profondeur et de 4 mm de diamètre, en utilisant une soudure plomb-étain 60/40 avec une conductivité thermique de 50 W.m^{-1}.K^{-1}.

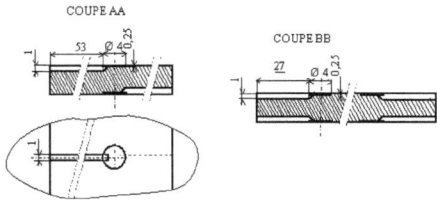

Figure 2-13 : Montage des thermocouples

pour la mesure des flux thermiques

L'épaisseur de cette pastille d'étain est suffisamment faible (0,25 mm) pour assurer que la température mesurée est celle de la surface de la plaque. Les fils du thermocouple sont placés dans les rainures de 1x1 mm puis noyés dans une résine époxy bicomposante coulable, fortement chargée en poudre d'aluminium (températures d'emploi comprises entre –30 et

+95 °C).

Quatre thermocouples du type K sont utilisés pour mesurer la température de l'alcool : deux à l'entrée et deux à la sortie de la veine de refroidissement. Quatre autres thermocouples du type K sont utilisés pour mesurer la température du coulis à l'entrée et à la sortie des canaux, chaud et froid.

Deux thermocouples du même type K sont placés sur le circuit d'alcool et mesurent la température de l'éthanol à l'entrée et à la sortie de la veine froide.

1.3.2 Mesure des pertes de pression

Les pertes de pression sont mesurées en utilisant des capteurs de pression différentielle. Les prises de pression placées sur les convergents à l'entrée et la sortie de chaque canal sont de dimensions millimétriques pour éviter que les particules du coulis de paraffine passent vers les capteurs.

Pour garantir le bon fonctionnement des capteurs, un étalonnage de pression a été réalisé. Un côté du capteur est branché à une conduite avec une colonne d'eau. L'autre côté est ouvert à l'atmosphère. A l'aide d'un multimètre, on a pu tracer la courbe d'étalonnage P=f(I) pour chacun des capteurs (Figure 2-14).

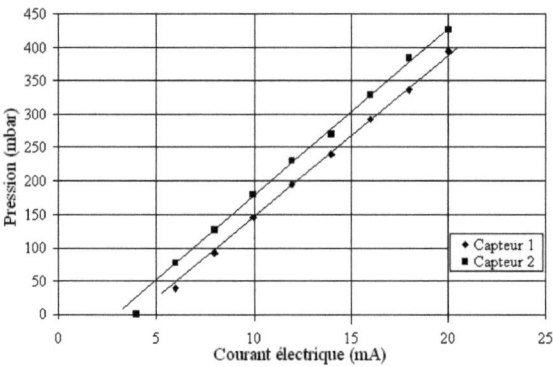

Figure 2-14 : Courbe d'étalonnage des capteurs de pression différentielle

1.3.3 Mesures de débit massique

La mesure des débits massiques des fluides dans l'installation est faite à l'aide de deux débitmètres : un débitmètre à effet Coriolis pour le coulis de paraffine et un débitmètre vortex pour l'alcool.le débit du coulis de paraffine est mesuré par le débitmètre massique à effet Coriolis de type Micro motion placé juste après la pompe sa plage de mesure de 0 à 5000 kg.h^{-1}. La précision de mesure de ce débitmètre, donnée par le fabriquant, est égale à ± 0,15 % du débit instantané. Il mesure directement le débit massique sans aucune correction.

Le débit d'alcool dans le canal froid est mesuré avec un débitmètre vortex ROSEMOUNT modèle 8800, dont le principe est la mesure de la fréquence de détachement de vortex produits par une barre placée perpendiculairement au flux de fluide (Figure 2-15).

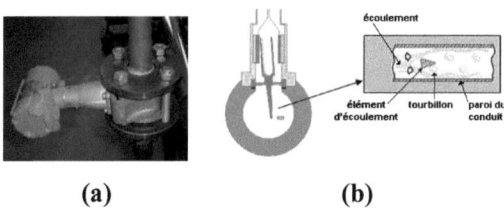

(a)   (b)

Figure 2-15 : Débitmètre vortex : (a) montage du débitmètre ; (b) principe de fonctionnement

Le débitmètre converti la fréquence en un courant de 4-20 mA, qui est transformé en débit volumique par la centrale d'acquisition de données. La plage de mesure du débit d'alcool varie de 0 à 7200 kg.h^{-1}

1.3.4 Mesure de la masse volumique

Les transmetteurs DANFOSS MASS 6000 utilisés pour mesurer le débit du coulis, sont équipés d'une sortie digitale 0-40 kHz qui fournit une fréquence proportionnelle à la masse volumique du coulis. A partir d'une acquisition des valeurs de sortie en fréquence et des valeurs correspondantes de la masse volumique affichées sur le « display » des transmetteurs, une courbe d'étalonnage a été tracée (Figure 2-16).

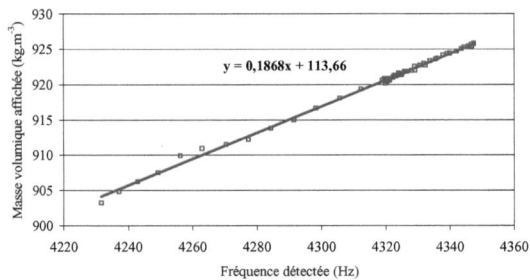

Figure 2-16 : Courbe d'étalonnage pour la mesure de la masse volumique

1.3.5 Mesures de la puissance électrique

Un dispositif triac EUROTHERM TE200S règle la puissance des résistances électriques dans le canal chaud, selon la température de consigne fixée sur le régulateur. Une sonde PT 100 fixée sur le divergent de sortie du canal chaud envoie un signal vers un régulateur de température WEST 5010. Cet ensemble de dispositifs permet le réglage de la température du coulis à la sortie du canal chaud. Il permet aussi de fixer une puissance électrique constante, fournissant ainsi un flux thermique constant sur les plaques du canal chaud.

1.4 Système d'acquisition des données

Un système d'acquisition des données KEITHLEY 2750 est utilisé pour obtenir les mesures des températures, débits massiques, pertes de charge, masse volumique et puissance électrique.

Deux cartes sont utilisées pour l'acquisition de données. La carte modèle 7708, à 40 voies, n'est utilisée que pour l'acquisition des températures. Initialement, la détermination des températures avait été réalisée avec une compensation de soudure froide à partir de la température de la carte elle-même. A partir d'un étalonnage des températures nous avons constaté qu'il existe un gradient de températures non négligeable sur la carte, provoquant des erreurs importantes sur les résultats obtenus.

Pour pallier ce problème, un dispositif de compensation de soudure froide a été construit. Ce boîtier, isolé thermiquement, permet la compensation de soudure froide à partir de la température constante mesurée par une sonde PT 100 placée dans la boîte. L'acquisition des débits massiques, pertes de charge, masse volumique et puissance électrique est réalisée sur la deuxième carte modèle 7700 à 20 voies. Les courants délivrés par les différents capteurs sont convertis en tension à l'aide de résistances calibrées de 47,12 Ω. La mesure de la puissance délivrée au niveau des résistances est effectuée grâce à un enregistreur HIOKI 3193 qui permet également la lecture de l'énergie consommée par intégration sur un intervalle de temps correspondant à la durée d'acquisition des mesures.

Le système d'acquisition est relié à un ordinateur portable par une connexion ethernet. Le logiciel ExceLINX™ livré avec le système, permet l'acquisition des données sur un fichier Excel. Les avantages de ce logiciel sont :

- acquisition des données sur une feuille Excel,
- configuration de chaque voie de manière indépendante,
- choix du temps d'acquisition,
- affichage des calculs réalisé par le programme en même temps que l'acquisition des données.

2 Procédure expérimentale

Il est plus judicieux de présenter et de définir le protocole d'essais qui sera suivi avant d'aborder la méthode de détermination de la température moyenne du fluide et du coefficient d'échange thermique entre la paroi et le fluide étudié.

2.1 Protocole d'essai

Avant de commencer les manipulations, on doit suivre les démarches suivantes qui constituent le protocole d'essai :

1) vérification des niveaux des liquides (eau et alcool) dans les deux circuits ;

2) connexion de l'ordinateur portable à la centrale d'acquisition Keithley et démarrage du fichier Excel™ pour l'acquisition des données ;

3) Mise sous tension les appareils de mesure (KEITHLEY et HIOKI) et laisser le KEITHLEY en marche pendant 15 minutes au moins pour vérifier l'état des thermocouples (sans circulation des fluides) ;

4) Mettre sous tension l'armoire de commande du circuit eau, ainsi que celle de l'alcool ;

146

5) Permuter le contacteur de l'auxiliaire 1 de l'armoire du circuit eau ;

6) Démarrer la pompe à alcool et la pompe à coulis pour mettre en circulation les fluides dans les canaux ;

7) Régler la vitesse des pompes et la position des vannes trois voies pour établir les débits massiques dans les canaux, puis vérifier la liaison vers le vase d'expansion ;

8) Démarrage du groupe de condensation pour refroidir l'alcool et donc le fluide dans le circuit coulis ;

9) Régler la vanne manuelle pour contrôler le flux d'alcool dans le convecteur afin de contrôler la température de l'alcool à l'entrée du canal froid ;

10)   Régler la température de consigne du fluide à la sortie du canal chaud ou du flux thermique généré par les résistances électriques ;

11)   Lorsque toutes les températures sont établies, faire l'acquisition des données pendant 20 minutes.

Afin de vérifier le bon fonctionnement des instruments de mesures et du dispositif de compensation de soudure froide des thermocouples, une campagne d'essais a été faite. Le premier essai est réalisé à température ambiante et sans circulation des fluides pour observer l'écart des températures d'un côté et de l'autre des plaques instrumentées. Le deuxième essai est réalisé en dynamique et prend en compte les transferts d'énergie pour vérifier la bonne correspondance entre les puissances thermiques échangées par les fluides calculés à partir des mesures des températures et des débits et les puissances traversant les plaques.

2.2 Méthode expérimentale de mesure de la température moyenne et du cœfficient d'échange local

Avant d'aborder la validation du système de mesure, nous allons présenter dans ce paragraphe la méthode de calcul de la température moyenne et du cœfficient d'échange local aux différents points du canal froid et du canal chaud.

La position des différents thermocouples dans l'installation est représentée sur les Figure 2-17 (canal froid) et 2-18 (canal chaud).

➢ Canal froid

Quatorze thermocouples de type K, notés *An* (côté alcool) et *Bn* (côté fluide) sont placés sur les deux côtés de la plaque d'échange thermique du canal froid notée plaque A/B. De même, sur la plaque C/D sont placés quatorze thermocouples du même type, notés *Cn* (côté alcool) et *Dn* (côté fluide). Deux thermocouples *Z4* et *Z1* sont placés à l'entrée et à la sortie du canal froid pour mesurer les températures d'entrée et de sortie du fluide, tandis que les thermocouples *Z2* et *Z3* mesurent respectivement les températures d'entrée et de sortie de l'alcool (Figure 2-17).

148

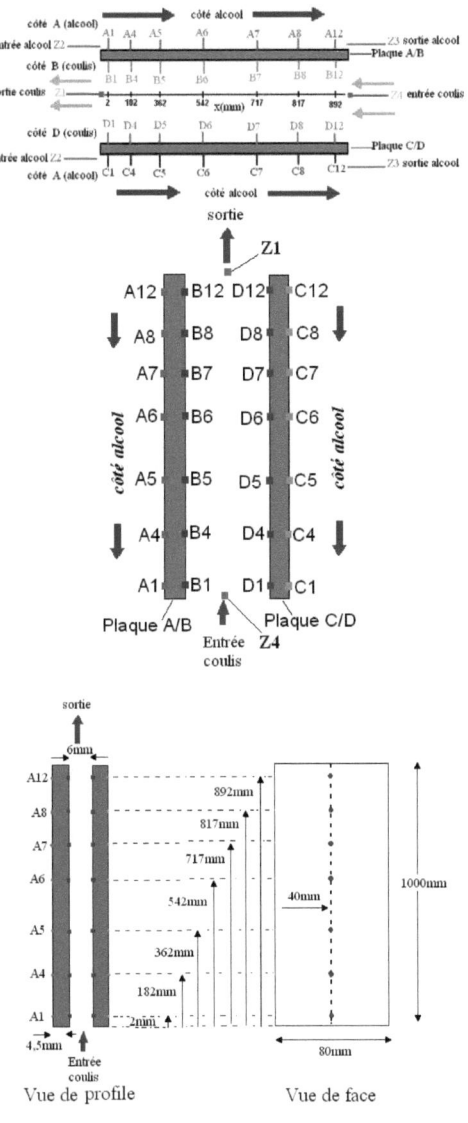

Figure 2-17 : Position des thermocouples sur le canal froid.

➢ Canal chaud

Quatorze thermocouples type K, notés *En* (côté résistances) et *Fn* (côté fluide) sont placés sur les deux côtés de la plaque d'échange thermique du canal chaud notée plaque E/F. De même, sur la plaque G/H sont placés quatorze thermocouples du même type notés *Gn* (côté résistances) et *Hn* (côté fluide). Deux thermocouples *Z6* et *Z5* sont placés à l'entrée et à la sortie du canal chaud pour mesurer les températures d'entrée et de sortie du fluide (Figure 2-18).

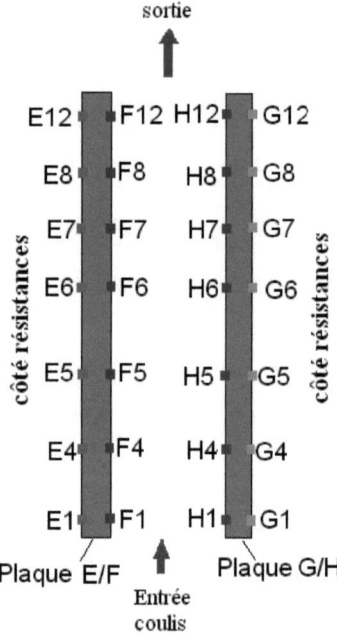

Figure 2-18 : Position des thermocouples sur le canal chaud.

Les températures du fluide à l'entrée et à la sortie du canal froid sont telles que :

- A l'entrée du canal (point $x_0=0$), la température moyenne du fluide est $T_{m,0}=T_{Z4}$ (température du le fluide mesurée par le thermocouple Z4 à l'entrée du canal froid) ;

- A la sortie du canal (point $x_8=L$), la température moyenne du fluide est $T_{m,8}=T_{Z1}$ (température du le fluide mesurée par le thermocouple Z1 à la sortie du canal froid) ;

Les thermocouples sont couplés deux à deux de part et d'autre de chaque plaque (Figure 2-19), l'un mesurant la température de paroi du côté du fluide chaud et l'autre du côté du fluide froid. Connaissant l'épaisseur e de la plaque et sa conductivité λ_{inox} nous pouvons calculer la densité de flux pariétal local $\varphi(x_i)$ au point d'abscisse x_i dans le canal froid par la relation :

$$\varphi(x_i) = \frac{\lambda_{inox}}{e}\left(T_{ps}(x_i) - T_{pa}(x_i)\right) \qquad (2\text{-}1)$$

$T_{ps}(x_i)$ désigne la température de la paroi côté suspension (fluide chaud) au point x_i et $T_{pa}(x_i)$ la température de la paroi côté alcool.

Le bilan thermique sur le fluide dans le canal froid est donné par :

$$\dot{Q} = \dot{m}_f C_{pf}\left(Th_{Z1} - Th_{Z4}\right) \qquad (2\text{-}2)$$

Th_{Z1} et Th_{Z4} sont respectivement les températures à la sortie et à l'entrée du canal froid.

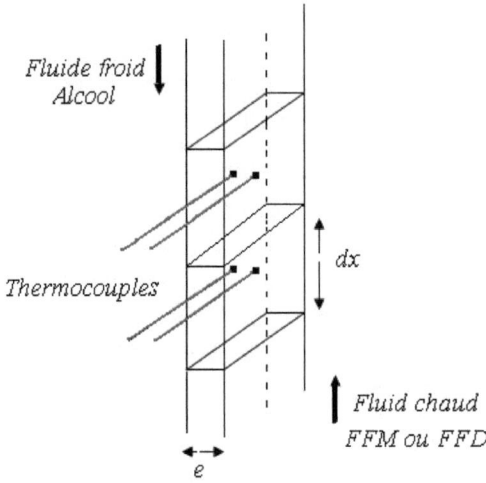

Figure 2-19 : Mesure des flux par les thermocouples dans le canal froid.

Le bilan thermique sur le circuit d'alcool prend en compte les températures d'entrée Th_{Z2} et de sortie Th_{Z3} de l'alcool :

$$\dot{Q} = \dot{m}_a C_{pa} \left(Th_{Z3} - Th_{Z2} \right) \qquad (2\text{-}3)$$

Les valeurs moyennes des températures du fluide aux différentes positions x_i (position des fluxmètres) du canal froid (CF) (Figure 2-17) sont déterminées par la méthode enthalpique .

- pour les points x_1, x_2, x_3, x_4, x_5, x_6 et x_7 correspondants aux thermocouples 1, 4, 5, 6, 7, 8, et 12 pour chaque plaque d'échange thermique (A/B et C/D dans le cas du canal froid), la température moyenne du fluide est calculée avec la relation suivante :

$$T_{m,i} = T_{m,i-1} - \left(\frac{1}{\dot{m}C_p}\right)\frac{\varphi_{i-1} + \varphi_i}{2}(x_i - x_{i-1})a \qquad (2\text{-}4)$$

où $T_{m,i}$ est la température moyenne au point x_i, $\dot{m}$ est le débit massique de fluide, C_p est la capacité thermique massique du fluide, φ_i est la densité de flux pariétal à travers la plaque à la position x_i du fluxmètre (exprimée en mètres) et a est la largeur du canal.

La détermination des températures du fluide dans le canal chaud (CC) est réalisée de la même manière que celle utilisé pour le canal froid :

- A l'entrée du canal chaud point $x_0=0$ (qui correspondant au premier fluxmètre), la température moyenne du fluide est $T_{m,0}=T_{Z6}$ (température du le fluide mesurée par le thermocouple Z6 à l'entrée du canal chaud) ;

- A la sortie du canal chaud point $x_8=L$, la température moyenne du fluide est $T_{m,8}=T_{Z5}$ (température du le fluide mesurée par le thermocouple Z5 à la sortie du canal chaud) ;

- pour les points x_1, x_2, x_3, x_4, x_5, x_6 et x_7 la température moyenne du fluide est calculée par la relation suivante :

$$T_{m,i} = T_{m,i-1} + \left(\frac{1}{\dot{m}C_p} \right) \frac{\varphi_{i-1} + \varphi_i}{2} \left(x_i - x_{i-1} \right) a \qquad (2\text{-}5)$$

Le bilan thermique sur le fluide dans le canal chaud CC est donné par :

$$\dot{Q} = \dot{m}_f C_{pf} \left(Th_{Z5} - Th_{Z6} \right) \qquad (2\text{-}6)$$

Th_{Z5} et Th_{Z6} sont respectivement les températures à la sortie et à l'entrée du canal chaud.

3 Validation du système de mesure

Afin de vérifier le bon fonctionnement des instruments de mesures et du dispositif de compensation de soudure froide des thermocouples, une campagne d'essais a été faite. Le premier essai est réalisé à température ambiante et sans circulation des fluides pour observer l'écart des températures d'un côté et de l'autre des plaques instrumentées. Le deuxième essai est réalisé en dynamique et prend en compte les transferts d'énergie pour vérifier la bonne correspondance entre les bilans thermiques des fluides calculés à partir de la mesure des températures et les transferts de chaleur au travers des plaques.

3.1 Essai en absence de circulation des fluides

Un premier essai a été réalisé à température ambiante pour vérifier l'isothermicité des thermocouples et le dispositif de compensation de soudure froide. Les canaux sont verticaux et les fluides au repos. Le fluide frigoporteur monophasique (FFM) étudié ici est l'eau, et le fluide de refroidissement est l'alcool.

Les essais ont été réalisés pour une température ambiante d'environ 21,5 °C, sans refroidissement et sans réchauffage pour le FFM au repos et sans circulation.

Pour le canal froid, la Figure 2-20 montre l'évolution des températures de chaque côté de la paroi (plaques A/B et C/D). L'écart maximum observé entre les thermocouples de chaque côté de la plaque est de l'ordre de 0,02 K, ce qui est encore très encourageant pour l'utilisation de ces ensembles de thermocouples en tant que fluxmètres. A cause de la stratification du fluide, la différence de température entre le point le plus bas du canal (x=2mm) et le plus haut (x=998mm) est de 0,8 K.

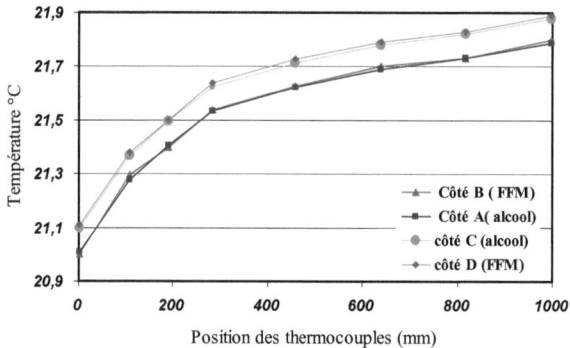

Figure 2-20 : Evolutions des températures dans le canal froid sans circulation des fluides

La figure 2-21 montre la température dans le canal chaud pour chaque plaque côté fluide et côté résistance.

L'écart maximum de température entre les deux côtés de chaque plaque est d'environ 0,01K, ce qui qualifie l'utilisation de ce système pour la mesure des températures conduisant au calcul des flux. L'écart entre les températures des deux extrémités de la plaque (de x=2 à x=998) est de 0,04K, dû à la stratification des fluides. Ces résultats sont très encourageants pour l'utilisation de ces ensembles de thermocouples pour la détermination des coefficients d'échange thermique.

On peut observer que la variation de la température des plaques dans le canal chaud est plus monotone que celles des plaques dans le canal froid. Cette différence est due à la présence des plaques de chauffage d'aluminium qui homogénéise la température de la paroi pour le canal chaud.

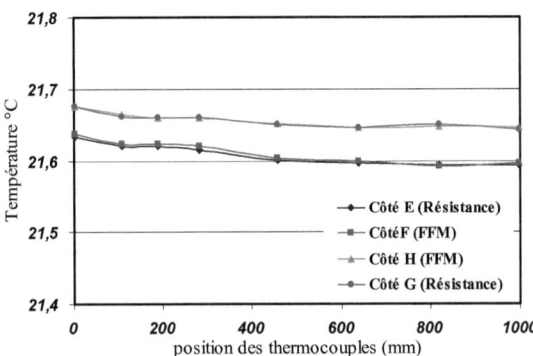

Figure 2-21: Evolutions des températures dans le canal chaud sans circulation des fluides

3.2 Validation du système de mesures en dynamique

Pour l'étude concernant la validation du système de mesures dans les deux veines d'essais (canal froid CF et canal chaud CC), l'eau a été employée comme fluide frigoporteur monophasique FFM. Les bilans thermiques du FFM et de l'alcool sont étudiés et analysés dans les deux canaux CF et CC.

3.2.1   Dans le canal froid

Le système de mesures dans le canal froid prend en compte les températures des plaques et des fluides ainsi que les débits massiques du fluide frigoporteur et de l'alcool. Pour valider ce système de mesure, il faut que les bilans thermiques sur les deux fluides soient identiques.

Une campagne d'essais a été réalisée avec un débit de FFM (eau) variant de 980 à 3400 kg.h^{-1} pour une température d'entrée dans le canal froid de 18,5 à 21,7 °C. Le débit d'alcool a été fixé à une valeur de 2400 kg.h^{-1} et une température d'entrée de -35 °C. Les bilans thermiques sur le FFM et l'alcool sont donnés respectivement par les équations (2-2) et (2-3).

Sur la Figure 2-22 sont présentés les résultats de cette campagne en terme d'écarts entre les bilans thermiques sur les deux fluides de part et d'autre des plaques. L'écart maximum entre les diverses valeurs des puissances thermiques est de l'ordre de 5 %.

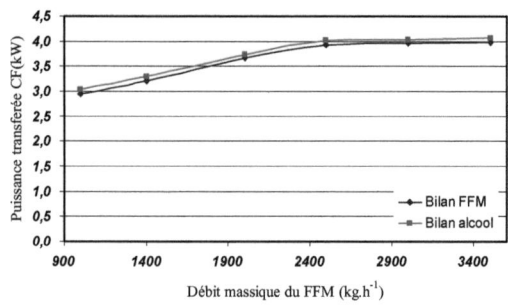

Figure 2-22: Variation des bilans thermiques du FFM et de l'alcool dans le canal froid.

Les faibles écarts entre le bilan thermique sur l'alcool et celui sur le FFM sont dus aux échanges thermiques du canal d'alcool avec le milieu ambiant. Afin de réduire les échanges thermiques avec l'ambiance, le canal froid doit être complètement isolé thermiquement.

3.2.2 Dans le canal chaud

Pour valider le système de mesures dans le canal chaud, une égalité entre le bilan sur le FFM et le flux thermique apporté par les résistances électriques doit être établie.

Le bilan thermique sur le FFM est calculé de même manière que le bilan dans le canal froid, par la relation (2-6).

Sur la Figure 2-23 nous avons représenté la variation du bilan thermique sur le FFM et la variation de la puissance des résistances électriques. Un bon accord entre les valeurs mesurées des deux bilans nous rassure quant au système de mesure dans le canal chaud.

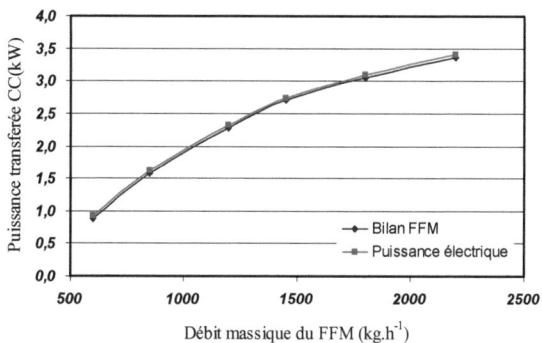

Figure 2-23: Variation des bilans thermiques dans le canal chaud.

4 Etude des transferts thermiques locaux avec un fluide frigoporteur monophasique FFM

4.1 Coefficient d'échange local

On détermine les coefficients d'échange locaux à partir des flux pariétaux mesurés et de la différence entre les températures de la paroi et les températures enthalpiques du fluide calculées par l'équation (2-4) et (2-5).

$$\alpha_i = \frac{\varphi_i}{T_{m,i} - T_{w,i}} \qquad (2\text{-}7)$$

4.1.1 Canal froid

Six essais ont été réalisés sur un fluide frigoporteur monophasique FFM (eau) en écoulement dans le canal froid CF. Nous avons déterminé les coefficients d'échanges locaux pour différents nombres de Reynolds. Sur la Figure 2-24 nous avons représenté les coefficients d'échanges locaux déterminés à l'aide de chaque fluxmètre du canal froid pour les essais réalisés à différents nombres de Reynolds (de 793 à 2378). Sur cette figure, on peut voir nettement que le coefficient d'échange local est plus important dans la section d'entrée du canal, cela peut être expliqué par la croissance de la couche limite thermique, ensuite une forte diminution dans les 150 premiers mm du canal et enfin une certaine stabilisation commence à apparaître et le coefficient d'échange local tend vers les valeurs caractérisant l'écoulement complètement développé ou établi. Une valeur quasi constante du coefficient d'échange à partir de la moitié du canal est visible quelle que soit la valeur du nombre de Reynolds. Pour l'intervalle des nombres de Reynolds étudiés, les coefficients d'échange dans la zone établie ont des valeurs de 0,5 à 0,9 kW.m^{-2}.K^{-1}.

4.1.1.1 Canal chaud

La variation des coefficients d'échange locaux en fonction de la position des fluxmètres dans le canal

160

chaud CC est présentée sur la figure 2-25. Les mesures correspondent à des nombres de Reynolds variant de 789 à 2396.

L'évolution du coefficient d'échange local est importante à partir de l'entrée de la zone de mesure, alors qu'à partir du 4ème thermocouple, un palier approximativement constant est ensuite observé dans la zone établie. Pour l'intervalle de nombre de Reynolds étudié, les coefficients d'échange thermique locaux dans la zone établie ont des valeurs comprises entre 0,8 et 1,1 kW.m^{-2}.K^{-1}.

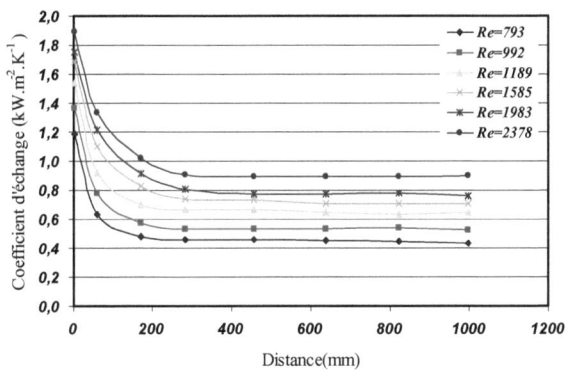

Figure 2-24 : Variation des coefficients d'échange locaux en fonction de la position des fluxmètres, dans le canal froid

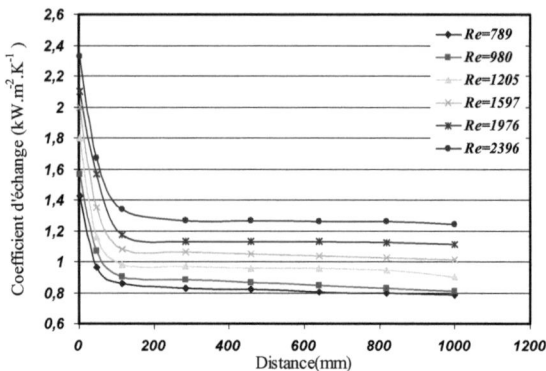

**Figure 2-25 : Variation des coefficients d'échange
locaux en fonction de la position des fluxmètres,
dans le canal chaud**

Aussi, une décroissance importante du coefficient
d'échange à l'entrée de la section de mesure suivie par
une zone avec une valeur approximative constante a été
observée pour les deux canaux. Cette évolution
classique souligne la présence d'une longueur
d'établissement thermique qui est, relativement courte
dans notre cas.

4.1.2 Coefficient d'échange moyen

Pour calculer les coefficients d'échange moyens pour
le canal froid et pour le canal chaud, nous avons utilisé
la relation suivante :

$$\alpha_m = \frac{1}{L}\left[\sum_{i=1}^{6}\frac{\alpha_i + \alpha_{i+1}}{2}(x_{i+1} - x_i) + \alpha_7(L - x_7)\right] \quad (2\text{-}8)$$

La Figure 2-26 illustre l'évolution de ces
coefficients en fonction du nombre de Reynolds dans
les deux canaux. Cette évolution est évidente et montre
que l'échange thermique est amélioré au fur et à

mesure que le nombre de Reynolds augmente. Ainsi, pour le canal froid, le coefficient d'échange moyen augmente de 0,42 à 0,94 kW.m^{-2}.K^{-1} tandis que l'augmentation pour le canal chaud est plus importante : de 0,55 à 1,18 kW.m^{-2}.K^{-1}.

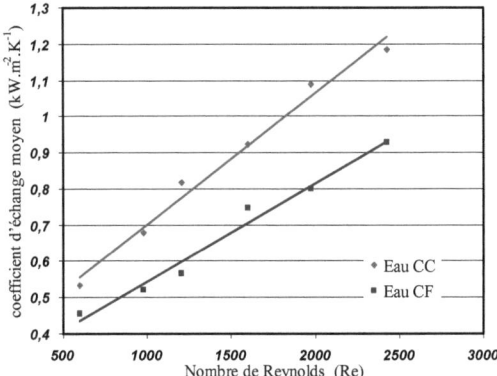

Figure 2-26 : Variation du coefficient d'échange moyen en fonction du nombre de Reynolds dans le canal froid (CF) et dans le canal chaud (CC)

Les valeurs expérimentales du nombre de Nusselt moyen sont comparées à celles calculées en utilisant la corrélation de Shah issue de la théorie de Graetz dans le canal froid CF à température de paroi constante (Figure 2-27) et dans le canal chaud CC à flux constant (Figure 2-28).

Le nombre de Nusselt moyen est donné par la formule :

$$Nu_m(x) = \frac{\alpha_m(x)D_h}{\lambda} \qquad (2-9)$$

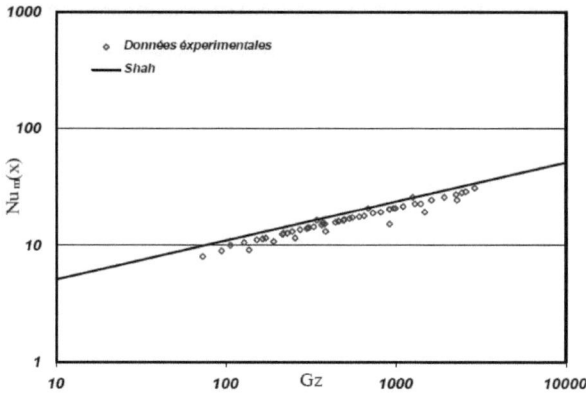

Figure 2-27 : Nombre de Nusselt moyen entre l'entrée du canal froid et tout point axial en fonction du nombre de Graetz, pour une température constante de paroi et un écoulement laminaire (CF)

On constate que les valeurs expérimentale des échanges thermiques dans le canal froid sont inférieures par rapport a celles données par la théorie de Graetz d'environ de 14 % en moyenne.

Pour le canal chaud, la comparaison des valeurs expérimentales avec les corrélations de Shah à flux surfacique imposé montre un écart de l'ordre 9 % environ (Figure 2-28).

Il s'avère que cette corrélation est plus adaptée aux conditions d'essais du canal chauffé à l'aide des résistances.

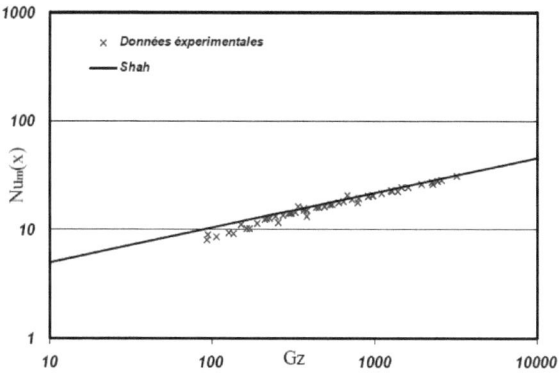

Figure 2-28 : Nombre de Nusselt moyen entre l'entrée du canal chaud et tout point axial en fonction du nombre de Graetz, pour un flux surfacique constant et un écoulement laminaire (CC)

Les écarts entre les valeurs expérimentales et les valeurs issues de corrélations sont peut être dus aux conditions thermiques considérées : température constante de paroi pour le canal froid et flux surfacique constant pour le canal chaud. En réalité, ces conditions ne sont pas strictement respectées à cause des flux thermiques longitudinaux parasites dans les plaques d'échange thermique qui induisent une distribution non uniforme du flux dans le canal chaud et des températures sur le canal froid.

Le régime thermique s'établit à partir d'une abscisse plus faible (150 mm environ) que celle calculée théoriquement qui est de l'ordre de quelques mètres selon la théorie de Graetz. Ainsi, la forte variation longitudinale des coefficients d'échange expérimentaux se traduit par une valeur moyenne plus faible que celle donnée par la théorie.

A partir des valeurs du nombre de Nusselt mesuré comparées a celles donnés par les corrélations de Shah, nous proposons de nouvelles corrélations basées sur la théorie Graetz. Ainsi, pour le canal froid, la relation proposée est :

$$Nu_m(x) = 2,105 Gz^{\frac{1}{3}} \qquad (2\text{-}10)$$

et pour le canal chaud, on propose :

$$Nu_m(x) = 2,48 Gz^{\frac{1}{3}} \qquad (2\text{-}11)$$

Ces deux corrélations modifiées traduisent bien les échanges thermiques que subit le FFM aussi bien au cours de son refroidissement que de son réchauffement.

4.1.3 Nombre de Nusselt global

À partir des coefficients d'échanges globaux, des corrélations du nombre de Nusselt global en fonction des nombres de Reynolds et de Prandtl peuvent être déterminées pour chaque canal, en considérant une corrélation du type :

$$Nu = a\,\mathrm{Re}^m \mathrm{Pr}^n \qquad (2\text{-}12)$$

Sur la Figure 2-29 ont été reportées les valeurs de ces paramètres pour l'ensemble des essais, qu'ils aient été relevés dans le canal chaud ou dans le canal froid dans le cas d'un écoulement laminaire.

166

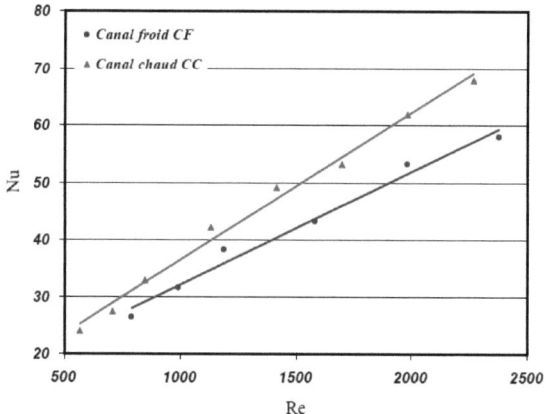

Figure 2-29 : Variation du nombre de Nusselt global en fonction du nombre de Reynolds dans le canal froid (CF) et dans le canal chaud (CC)

Les coefficients multiplicateurs *a* et les exposants *m* sont calculés par régression linéaire, et comme les variations du nombre de Prandtl sont faibles, son exposant *n* est supposé constant égal a 1/3. Les corrélations ainsi déterminées seront utilisées pour comparer les résultats obtenus avec un fluide frigoporteur diphasique.

Pour le canal froid CF:

$$Nu = 0,236 \, \mathrm{Re}^{0,71} \, \mathrm{Pr}^{0,33} \qquad (2\text{-}13)$$

Pour le canal chaud CC :

$$Nu = 0,278 \, \mathrm{Re}^{0,80} \, \mathrm{Pr}^{0,33} \qquad (2\text{-}14)$$

Les corrélations obtenues sont en quelque sorte similaires à celles de Dittus-Boelter .Les écarts observés ne dépassent pas 20 % et sont dus aux conditions thermiques des plaques d'échange (Plaques de largeur a et de surface $L.a$,isothermes pour le CF et à flux thermique constant dans le CC) qui ne sont pas totalement vérifiées à cause des diffusions de chaleur dans les directions longitudinales des plaques et aussi il ne faut pas oublier que les deux autres plaques de largeur b et de surface $L.b$ formant chaque canal ne sont pas pris en compte dans les mesures des flux échangés.

5 Essais avec un fluide frigoporteur diphasique FFD

Suite aux travaux de Rios-Rojas (2005) et de Ionescu (2008) sur le coulis de glace stabilisé, nous avons effectué des essais sur le coulis de paraffine, qui est un mélange d'eau et de particules de gel polymérique contenant de la paraffine Norpar® 15 . Faute d'une quantité suffisante de particules, nous avons effectué des campagnes d'essais pour deux valeurs de la fraction massique de particules dans la suspension : 6 % et 12 %.

Les essais sur le fluide diphasique ont été effectués de la même manière que celles pour le fluide monophasique. Pendant les campagnes d'essais, les paramètres étudiés au cours de cette partie sont : la température, les pertes de pression, la masse volumique, le débit massique et les coefficients d'échanges locaux et globaux.

5.1 Température du coulis dans le canal froid

La Figure 2-30, représente l'évolution de la température du coulis de paraffine à 6 % en particules de gel en écoulement laminaire dans le canal froid. La température de l'alcool est éventuellement représentée.

Au début de l'essai, la température du fluide frigoporteur dans l'installation est de 25,5 °C (température ambiante en juillet). Le démarrage du refroidissement de l'alcool et du FFD a lieu en même temps. L'inflexion de la variation de la température de l'alcool à 320 secondes environ est due au démarrage du convecteur. Sur la courbe de température du FFD à l'entrée ou à la sortie du canal froid, on observe une diminution de la pente à 1600 secondes. Cette variation de la courbe semble correspondre au début de la congélation des particules à 6,3 °C. Pendant la congélation, la masse volumique et les pertes de pression du fluide dans le canal froid présentent de grandes variations.

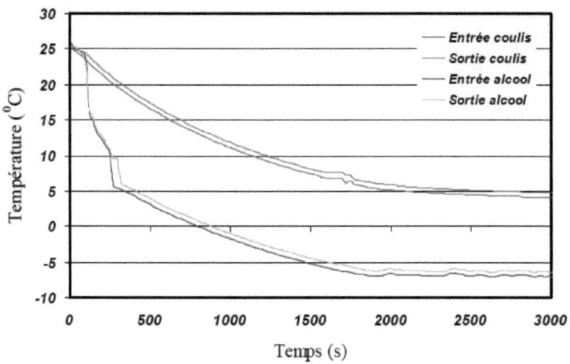

Figure 2-30 : Evolution des températures du coulis de paraffine et de l'alcool dans le canal froid en fonction du temps pour un essai à 6 % de concentration massique

La variation de température du coulis à 12 % en particules est similaire à celle présentée pour le FFD à 6 %. Le point de congélation pour un coulis à 12 % en particules augmente à 6,9 °C. L'augmentation de la fraction massique de particules facilite la transmission de la cristallisation, ce qui a comme résultat la diminution du degré de surfusion.

5.2 Masse volumique du coulis dans le canal froid

La congélation des particules de gel dans le coulis engendre des variations importantes de la masse volumique du FFD. Pour mettre en évidence cette propriété, nous avons mesuré l'évolution de la densité du coulis à 6 % au cours de la phase de refroidissement.

Pendant les premières 1600 s de l'essai, la masse volumique (Figure 2-31) décroît linéairement de 987 à une valeur de 972 kg.m^{-3}. Ensuite, elle présente un palier très légèrement croissant à partir du commencement de la congélation d'environ 0,5 kg.m^{-3}. Cette évolution résulte de la compétition entre une diminution de la masse volumique du liquide avec la baisse de la température et la baisse de la masse volumique d'une particule avec la transformation partielle de la paraffine Norpar $^{®}$15 de la phase liquide vers la phase solide.

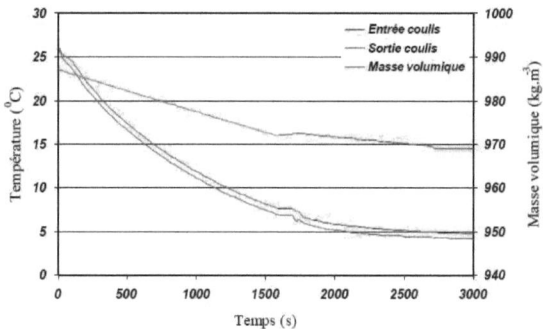

Figure 2-31 : Variation de la température et de la masse volumique du coulis de paraffine pendant le refroidissement et la congélation de particules dans le canal froid

5.3 Débit massique et pertes de pression

- ### Débit massique

Sur la Figure 2-32 nous avons représenté l'évolution du débit massique du coulis de paraffine au cours de son refroidissement dans le canal froid. Le FFD est en écoulement laminaire dans le canal froid, avec un débit massique initial de l'ordre de 1074 kg.h^{-1}. A cause de l'augmentation de la viscosité du fluide porteur (eau) pendant le refroidissement, le débit massique du coulis diminue jusqu'au début du changement de phase du MCP (970 kg.h^{-1} pour une température du FFD de 6,3 °C), moment où il présente une faible brusque augmentation (environ 5 kg.h^{-1}). Cette augmentation est due à la diminution de la masse volumique des particules au cours de la congélation, qui améliore leur flottabilité.

Après la congélation complète des particules, le débit massique diminue de nouveau pour atteindre environ 910 kg.h^{-1} au bout d'une heure environ (3500 s).

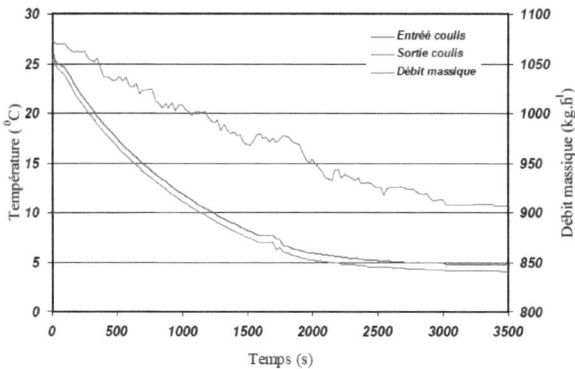

Figure 2-32 : Variation des températures du FFD et du débit massique en fonction du temps, pendant le refroidissement d'un coulis à 6 % de fraction massique en écoulement laminaire dans le canal froid

- *Pertes de pression*

Les pertes de pression dans le canal froid augmentent pendant le refroidissement du coulis de paraffine jusqu'à une valeur de 970 Pa (Figure 2-33). Ensuite, une légère diminution pendant la congélation est observée, en effet, les pertes de pression sont proportionnelles au facteur de frottement et au carrée de la vitesse, et comme le facteur de frottement diminue à cause de la flottabilité des particules et la vitesse du fluide augmente grâce à l'augmentation du débit, ce qui aura comme conséquence l'augmentation des pertes de pression.

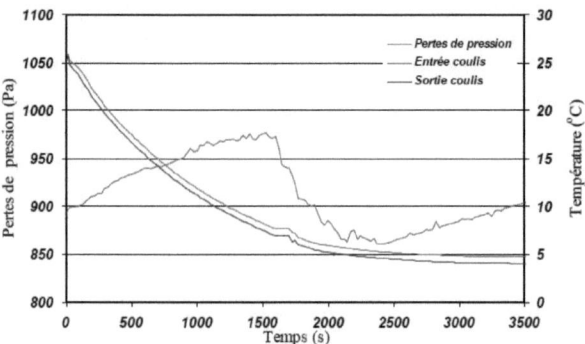

Figure 2-33 : Variation des températures du FFD et
des pertes de pression en fonction du temps,
pendant le refroidissement d'un coulis à 6 % de
fraction massique en écoulement laminaire dans le
canal froid

5.4 Détermination des coefficients d'échanges du coulis de paraffine

5.4.1 Températures de la paroi et des fluides

Avant de déterminer les coefficients d'échange locaux dans les deux canaux, nous avons représentée l'évolution des températures pour le coulis de paraffine pour une fraction massique de 6 % et de 12 %, lorsque le régime permanent a été établi pour l'ensemble du circuit du fluide frigoporteur diphasique. Le régime permanent est obtenu en imposant une puissance électrique de 0,9 kW pour un débit d'alcool de 3400 kg.h^{-1} et une température d'alcool à l'entrée du canal froid de -7 °C.

Sur la Figure 2-34 nous avons représenté l'évolution des températures dans le canal froid pour

174

un coulis à 6 % de particules ainsi que les températures intermédiaires du FFD et de l'alcool. Dans cet essai, le nombre de Reynolds pour le FFD est de 1982, ce qui correspond à un débit massique du coulis de 504 kg.h⁻¹.

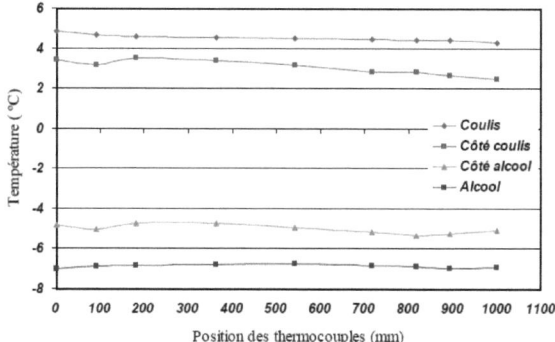

Figure 2-34 : Evolution des températures des fluides et de la plaque dans le canal froid (6 % particules, Re= 1982 et T$_{\text{entrée,alcool}}$= -7 °C)

Sur la Figure 2-35, est représentée l'évolution de la température du coulis à 6 % dans le canal chaud . Les températures intermédiaires côté FFD et côté résistance sont également représentées. La puissance électrique imposée par les résistances dans le canal chaud est de 0,9 kW.

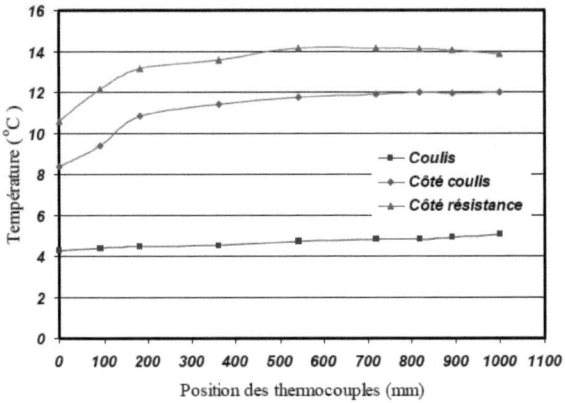

Figure 2-35 : Evolution des températures des fluides et de la plaque dans le canal chaud (6 % particules, Re= 1982 et puissance électrique imposé = 0,9 kW)

5.4.2 Coefficients d'échange locaux

Sur la Figure 2-36 et la Figure 2-37 nous avons représenté la variation des coefficients d'échange locaux pour un coulis à 6 % en fraction massique de particules en écoulement laminaire dans le canal froid et le canal chaud, pour différents nombres de Reynolds. En comparant ces courbes avec celles de l'eau présentées sur la Figure 2-24 et la Figure 2-25, on peut observer un même type d'évolution des coefficients d'échange locaux.

Comme pour le fluide monophasique dans le canal froid, on observe une forte diminution du coefficient d'échange local à l'entrée du canal suivie d'une évolution constante. Le coefficient local d'échange thermique à la sortie du canal froid est d'autant plus important que le nombre de Reynolds est plus élevé.

Sur le canal chaud, on observe également une forte diminution du coefficient de transfert thermique à l'entrée du canal, puis une valeur approximativement constante.

Le coulis ayant une fraction massique de 12 % donne des résultats similaires.

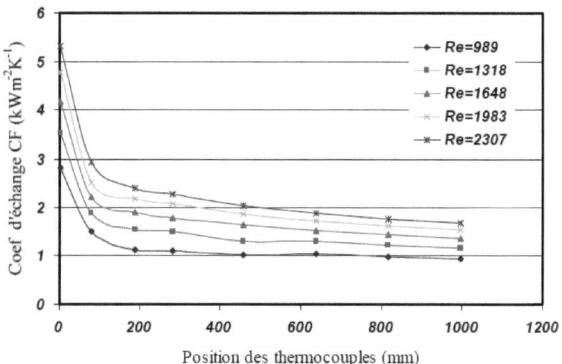

Figure 2-36 : Coefficients d'échange locaux pour un coulis à 6 % en fraction massique de particules en écoulement laminaire dans le canal froid (température de paroi constante)

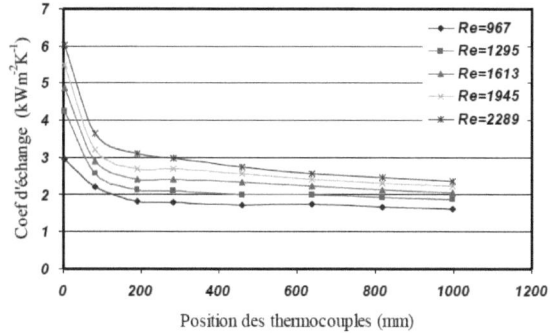

Figure 2-37 : Coefficients d'échange locaux pour un coulis à 6 % en fraction massique de particules en écoulement laminaire dans le canal chaud (flux surfacique constant)

Afin de noter les évolutions du coefficient d'échange local avec la concentration en particules on a représenté sur la Figure 2-38 et pour un nombre de Reynolds de 1318, le coefficient d'échange local pour diverses valeurs de la concentration : 0% (eau seule), 6% et 12 %.

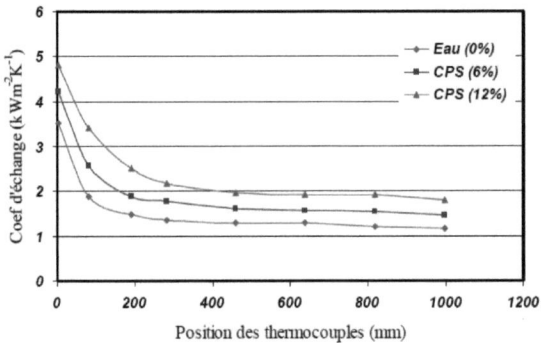

Figure 2-38 : Variations des coefficients d'échange locaux pour le fluide monophasique et un coulis de paraffine à différentes fractions massiques en écoulement laminaire dans le canal froid (Re = 1318)

Une nette amélioration du coefficient d'échange par rapport au fluide monophasique (eau) est observée. Le coefficient d'échange est d'environ 1,25 fois plus important pour la teneur de 6 % et à peu près de 1,5 fois pour la teneur de 12 %. Il s'agit d'une augmentation importante des échanges du même ordre de grandeur que celles obtenues par C. Ionescu avec le coulis de glace stabilisé.

Les résultats expérimentaux permettent le calcul du nombre de Nusselt local intégré (ou nombre de Nusselt

178

moyen) sur une distance donnée x à partir de l'entrée du canal. La Figure 2-39 traduit l'évolution du nombre de Nusselt moyen $Nu_m(x)$ en fonction de la position des thermocouples et de la fraction massique en particules pour un nombre de Reynolds de l'ordre de 1318. Comme pour le coefficient d'échange local, Nu_m (x) décroît rapidement à l'entrée du canal puis se stabilise lorsque l'écoulement devient complètement développé.

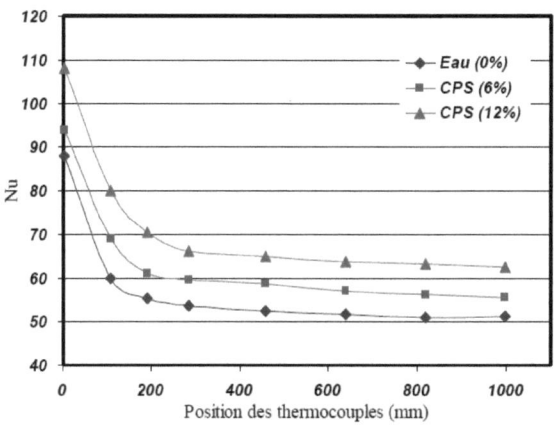

Figure 2-39 : Variations du nombre de Nusselt local moyen pour le fluide monophasique et un coulis de paraffine à différentes fractions massiques en écoulement laminaire dans le canal froid (Re = 1318)

Basé sur les résultats expérimentaux ci-dessus, une corrélation du nombre de Nusselt local en fonction de la position adimensionnelle des thermocouples x/D_h, du nombre de Reynolds Re, du nombre de Prandtl Pr et de la fraction massique C_m a été établie dans le canal froid (El boujaddaini et al (b) ,2010).

$$Nu_m(x) = 0,223 \, \text{Re}^{0,78} \, \text{Pr}^{0,34} \left(\frac{x}{D_h} \right)^{-0,082} \left(1 + C_m \right)^{2,5} \qquad (2\text{-}15)$$

avec un coefficient de régression $R^2 = 0,879$.

5.4.3 Coefficient d'échange global

Pour tous les fluides frigoporteurs diphasiques FFD et aussi pour le fluide monophasique FFM (eau), les coefficients de transfert thermique ont été intégrés sur toute la longueur du canal afin de déterminer un coefficient global de transfert thermique. Le résultat représente donc une valeur moyenne pour notre échangeur. La Figure 2-40 montre l'évolution du nombre de Nusselt global en fonction du nombre de Reynolds, pour l'eau pure et pour le coulis de paraffine avec une fraction massique de 6% et 12 %, pour un écoulement laminaire dans le canal froid.

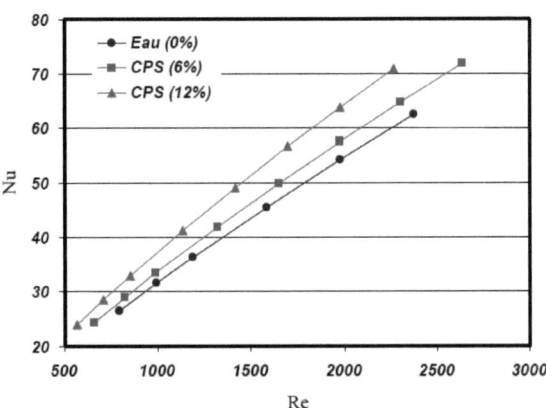

Figure 2-40 : Nombre de Nusselt global en fonction du nombre de Reynolds pour un FFD avec une fraction massique en particules de 0, 6 et 12 %, en écoulement laminaire dans le canal froid

A partir des résultats de la figure 2-40, nous proposons la corrélation suivante pour le calcul du nombre de Nusselt moyen intégré sur toute la longueur du canal pour les fractions massiques de 6% et 12% en particules (El boujaddaini et al (b) ,2010).

Pour 6% nous proposons :

$$Nu = 0,0726.\text{Re}^{0,76}\,\text{Pr}^{0,34} \qquad\qquad (2\text{-}16)$$

avec un coefficient de régression $R^2 = 0,94$.

Et pour 12% nous aurons :

$$Nu = 0,0893.\text{Re}^{0,68}\,\text{Pr}^{0,34} \qquad\qquad (2\text{-}17)$$

avec un coefficient de régression $R^2 = 0,93$.

Les corrélations (2-16) et (2-17) sont valable pour : $400 \le \text{Re} \le 2500$, $30 \le \text{Pr} \le 110$, et $L/D_h \ge 20$.

La correspondance entre les valeurs du nombre de Nusselt expérimental et calculé est présentée sur la Figure 2-41, Plus de 92 % des points sont compris dans un intervalle de ± 20 % autour de la première bissectrice et l'écart quadratique moyen est de 10 %.

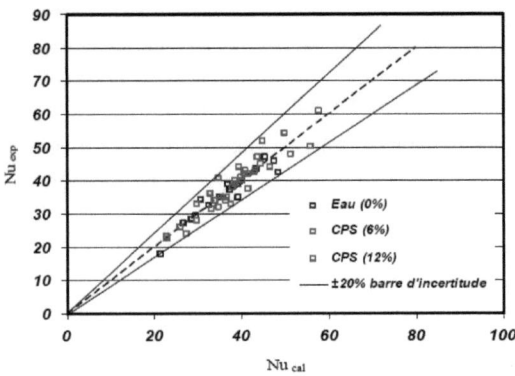

Figure 2-41 : Nombre de Nusselt calculé fonction du nombre de Nusselt expérimental pour un coulis (0%, 6% et 12%) en écoulement dans le canal froid (40 points expérimentaux)

Conclusion

Dans ce chapitre, nous avons pu déterminer les caractéristiques de transfert thermique du coulis de paraffine dans les canaux froid et chaud de sections rectangulaires.

La comparaison avec l'eau (fluide monophasique) montre une amélioration significative des échanges thermiques due principalement à la présence des particules qui perturbent l'écoulement. L'effet de la chaleur latente est également visible, mais il est plus faible, en tout cas pour des faibles concentrations en particules. L'intérêt majeur de la congélation de la paraffine est la possibilité d'un stockage de l'énergie thermique.

L'utilisation du coulis de paraffine peut toutefois être peu aisée, notamment à cause des pertes de charges importantes, de la vitesse minimale d'entraînement des particules qui oblige à travailler à débit important, et aux risques de bouchage des échangeurs de chaleur.

CHAPITRE 3 : MODELISATION THEORIQUE

ET SIMULATION NUMERIQUE

La modélisation du comportement des fluides
frigoporteurs diphasiques FFD consiste à modéliser et
à combiner leur comportement hydraulique et
thermique dans une boucle d'essais comportant deux
canaux froid et chaud. On commence dans ce chapitre
par présenter les différentes approches théoriques,
concernant ce problème, rencontrées dans la littérature.
Dans la deuxième partie, est présenté en détail le
développement de notre modèle théorique. Le modèle
hydraulique du coulis de paraffine est établit dans un
premier temps. Il est basé sur les équations de
continuité et de quantité de mouvement tout en
considérant un fluide équivalent unique dont les
propriétés thermophysiques dépendent de celles des
deux phases liquide et solide. La modélisation du
comportement thermique est ensuite abordée. Elle est
basée sur un bilan énergétique tenant en compte
l'enthalpie de fusion du MCP lors de la restitution du
froid par le frigoporteur. Une fois les équations
établies, la résolution numérique est faite et la
validation de ce modèle est réalisée tout d'abord pour
un fluide monophasique FFM et ensuite pour le fluide
diphasique FFD étudié. Finalement, les résultats
numériques seront confrontés avec l'expérience.

1 Différents modèles rencontrés dans la littérature

De nombreuses études expérimentales ont été menées sur le comportement hydraulique et thermique de suspensions de matériaux à changement de phase dans un liquide porteur, alors que les modèles théoriques sont en nombre limité.

La particularité des transferts thermiques d'un fluide frigoporteur diphasique provient de la présence des particules en suspension qui, lorsqu'elles évoluent en température, absorbent ou dégagent de l'énergie sous forme de chaleur sensible et de chaleur latente. L'énergie de changement de phase peut être prise en compte dans l'équation de conservation de l'énergie :

- soit par un terme source ;
- soit en utilisant une capacité thermique équivalente qui en tient compte. Le terme source dans ce cas est nul.

1.1 Prise en compte de la chaleur latente par un terme source

1.1.1 Modèle de Charunyakorn et al. (1991)

Dans leurs travaux, Charunyakorn *et al.* (1991) ont mis au point un modèle numérique pour caractériser les transferts thermiques d'une suspension chargée en microcapsules à changement de phase dans une conduite circulaire. Afin de résoudre les équations de base, des hypothèses simplificatrices sont posées :

- la concentration maximum en microcapsules est limitée à 0,25 ;
- l'écoulement est considéré incompressible et laminaire. Il est complètement développé hydrauliquement et à la température uniforme de congélation/fusion des particules quand il entre dans la section de transferts thermiques ;
- les particules sont des sphères rigides et inertes avec une masse volumique proche de celle du fluide porteur ;
- la suspension est homogène, donc les propriétés sont considérées constantes, à l'exception de la conductivité thermique qui est une fonction des contraintes de cisaillement et varie dans la section d'écoulement ;
- l'effet de paroi, qui correspond à l'apparition d'une couche sans particules près de la paroi de la canalisation, est négligé ;
- l'épaisseur de la paroi des particules est suffisamment fine pour pouvoir négliger sa présence.

Les équations de base utilisées sont :

➤ *Profil de vitesse :* celui d'un écoulement de Poiseuille

$$u = 2\overline{u}\left[1 - \left(\frac{R}{R_0}\right)^2\right] \qquad (3\text{-}1)$$

où u et $\overline{u}$ représentent la vitesse locale et la vitesse moyenne débitante du fluide, R_0 et R représentent le rayon de la canalisation et la coordonné radiale.

➤ *Equation de l'énergie*

L'équation de l'énergie est formulée en considérant l'absorption (ou le dégagement) de chaleur due au changement de phase (S) et en considérant l'augmentation de la conductivité thermique induit par le mouvement des particules (λ_{sa}).

$$\rho_s C_{ps} \left(\vec{u} \cdot \vec{\nabla} T_f \right) = \lambda_{sa} div \vec{\nabla} T_f + S \qquad (3\text{-}2)$$

La conductivité apparente de la suspension (λ_{sa}), qui tient compte des effets micro-convectifs dus à l'interaction particule-fluide, est calculée, en fonction du nombre de Péclet, par l'équation (1-49) présentée dans l'étude bibliographique.

Le terme source S est déduit de considérations sur la congélation ou la fusion dans une particule :

$$S = \Phi_p N \qquad (3\text{-}3)$$

où le nombre de particules par unité de volume N est déterminé en fonction de la fraction volumique en particules (c_v) et le rayon de particule (r_p) :

$$N = \frac{3c_v}{4\pi r_p^3} \qquad (3\text{-}4)$$

et le flux de chaleur transmis par une particule (Φ_p) est évalué en considérant le rayon de congélation r_c dans la particule de rayon r_p (Tao, 1967) :

$$\Phi_p = 4\pi\lambda_p \left(T_c - T_f \right) \frac{r_c}{1 - \left(1 - \dfrac{1}{Bi_p} \right)\dfrac{r_c}{r_p}} \qquad (3\text{-}5)$$

avec T_c la température de congélation, T_f la température du fluide porteur et λ_p la conductivité thermique de la particule.

A partir de l'hypothèse que le coefficient d'échange convectif autour d'une sphère peut être évalué par le modèle de conductivité basée sur la conductivité thermique apparente (λ_{sa}), pour prendre en compte les effets micro-convectifs, les auteurs ont ajouté au nombre de Biot des particules (Bi_p) un terme supplémentaire dépendant de la fraction volumique en particules :

$$\text{Bi}_p = \frac{\lambda_f}{\lambda_p} \frac{2(1-c_v)}{(2-3c_v^{1/3}+c_v)} \qquad (3\text{-}6)$$

L'évolution de la position de l'interface liquide/solide au sein d'une particule (r_c) est déterminée à partir d'une équation du bilan thermique :

$$\frac{4}{3}\pi(r_p^3 - r_c^3)\Delta h\rho_p = \int_0^t \Phi_p dt \qquad (3\text{-}7)$$

Cette équation suppose que la température de la particule est uniforme et égale à la température de changement de phase (T_c). Le membre de gauche représente la chaleur dégagée par le changement de phase au sein d'une particule et le membre de droite représente la quantité totale de chaleur transférée entre la particule et le fluide environnant au cours du gel.

Introduisant l'expression de Φ_p donnée par l'équation (3-5) dans l'équation (3-7) et réarrangeant les termes, Charunyakorn *et al.* ont obtenu l'expression du rayon du front de congélation dans une particule :

$$r_C = \left[r_p^3 - \frac{3\lambda_p}{\Delta h \rho_p} \int_0^t \left(T_c - T_f\right) \frac{r_c}{1 - \left(1 - \dfrac{1}{Bi_p}\right)\dfrac{r_c}{r_p}} dt \right]^{1/3} \tag{3-8}$$

On note que l'équation obtenue initialement pour le cas de la congélation, reste valable pour le cas de la fusion puisque la solution de *Tao* est aussi valable pour la fusion, si la convection naturelle est négligée. Or, des études précédentes (Roy et Sengupta, 1987) montrent que la convection naturelle est bien négligeable pour des sphères de petites tailles.

Les équations de base développées ont été adimensionnées en utilisant : le nombre de Stefan du mélange diphasique, la fraction volumique en particules (c_v), un nombre de Péclet modifié ($Pe_f (r_p/R_0)^2$), le rapport rayon conduit/rayon particule (R_0/r_p) et le rapport de la conductivité thermique de la particule et de la suspension (λ_p / λ_{sa}).

Les résultats donnés par ce modèle montrent que le nombre de Stefan de la suspension et la fraction volumique sont les paramètres dominants dans les transferts thermiques avec particules à changement de phase. L'effet du rapport des rayons est faible mais pas négligeable pour des valeurs de 50 à 200 et négligeable pour valeurs de 200 à 400. Ce résultat suggère que les différences de rayons des particules dues au processus de fabrication ne sont pas critiques pour les performances thermiques d'un fluide diphasique.

Pour vérifier ce modèle, une étude expérimentale a été effectuée par Goel *et al.* (1994). Ils ont étudié le comportement thermique d'une suspension de microcapsules de *n*-eicosane dans l'eau pendant le réchauffement dans une conduite circulaire à flux surfacique constant. Leurs résultats ont validé qualitativement le modèle de Charunyakorn *et al.*, mais l'accord quantitatif n'était pas bon. Les différences entre la prédiction théorique et les résultats expérimentaux étaient grandes. Les auteurs ont considéré que ces différences pouvaient être dues à une combinaison de quatre facteurs :

(a) Charunyakorn *et al.* supposent que la suspension entre dans la section d'essais à la température de fusion du MCP. Dans l'étude expérimentale de Goel *et al.*, la température de la suspension à l'entrée du canal est légèrement inférieure à la température de fusion, donc nécessite une quantité de chaleur sensible avant que le changement de phase ait lieu ;

(b) dans leur modèle, Charunyakorn *et al.* considèrent que la fusion se déroule à la température uniforme de fusion. En pratique, le changement de phase se fait sur une plage de température (Roy et Sengupta, 1991 citées par Goel *et al.*) ;

(c) dans le modèle de Charunyakorn *et al.*, l'épaisseur de la paroi des particules est négligée. Le MCP utilisé par Goel *et al.* est encapsulé dans une enveloppe qui représente 30 % du volume total de la particule, ce qui introduit une résistance thermique importante entre le MCP et le fluide porteur ;

(d) Charunyakorn *et al.* considèrent la suspension homogène. En réalité, la migration radiale combinée avec la flottabilité des particules affecte le profil de vitesse et l'homogénéité de la suspension, ce qui influence les transferts de chaleur.

En étudiant l'influence des paramètres présentés, Goel *et al.* ont conclu que les différences entre les résultats expérimentaux et le modèle viennent très probablement de l'étalement en température du changement de phase. En effet, l'hypothèse de l'équilibre thermique entre les particules et le fluide porteur faite par Charunyakorn *et al.*, n'est pas vérifiée par l'expérience.

1.1.2 Modèle de Zhang et Faghri (1995)

A partir des différences signalées par Goel *et al.*, Zhang et Faghri (1995) ont modifié le modèle de Charunyakorn *et al.* en ajoutant une équation qui caractérise le processus de fusion dans une particule. Leur modèle inclut les effets de parois des particules, le sous-refroidissement initial (la différence entre la température d'entrée de la suspension dans la section d'essais et la température de fusion) et le domaine de température de fusion. Pour simplifier le problème de fusion dans une particule, les hypothèses suivantes ont été faites :

- la température initiale de la particule est uniforme à T_i, qui est inférieure à la température de changement de phase (fusion dans ce cas) T_c ;
- les propriétés thermiques de la paroi et du MCP sont invariables avec la température ;
- les propriétés pour le MCP solide et liquide sont identiques ;
- la changement de phase se déroule sur un certain domaine de température au-dessus de T_c.

Le rayon de l'interface solide-liquide obtenu par le modèle quasi-stationnaire de Tao est plus petit que celui obtenu par le modèle proposé par Zhang et Faghri. Ceci signifie que la vitesse de fusion obtenue par le modèle quasi-stationnaire est plus grande que celle obtenue par leur modèle. Ce fait est dû à ce que, dans le modèle quasi-stationnaire, la chaleur absorbée par une sphère est entièrement utilisée pour le changement de phase. En réalité, il existe aussi une autre partie de chaleur utilisée pour augmenter la température du liquide et du solide. Ainsi, les auteurs concluent qu'en utilisant le modèle quasi-stationnaire, l'effet des microcapsules dans les transferts de chaleur de la suspension est sous-évalué.

Zhang et Faghri ont considéré aussi, dans leur modèle, l'effet de la paroi des microcapsules. Du fait de la résistance thermique de cette paroi, cet effet ne peut pas être considéré simplement pour définir la fraction volumique en MCP (Goel *et al.*). Ainsi, après avoir considéré l'effet de la paroi des microcapsules et le sous-refroidissement initial, la différence entre les résultats théoriques et expérimentaux a été réduite de 45 (Goel *et al.*) à

34 % (Zhang et Faghri).

L'effet de la fourchette de températures de changement de phase a aussi été étudié par Zhang et Faghri. Ils ont observé que l'effet du MCP micro-encapsulé sur les transferts thermiques convectifs dans un tube peut être sensiblement réduit en augmentant la largeur du domaine de températures de changement de phase.

1.1.3 Modèle de Royon *et al.* (2000)

A l'encontre de Charunyakorn *et al.* qui abordent le problème d'une manière locale en étudiant les transferts autour et au sein de la particule, Royon *et al.* (2000) préfèrent une approche plus phénoménologique devant la difficulté à évaluer localement tous les paramètres des échanges entre la particule et le fluide porteur. Ils ont étudié les transferts thermiques pendant la cristallisation de particules millimétriques de coulis de glace stabilisée dispersées dans une phase fluide (huile). La suspension est disposée dans une cuve agitée qui est elle-même immergée dans un bain thermostatique maintenu à une température constante, T_t.

Pour décrire le processus, les auteurs ont utilisé trois séquences successives conformément à l'état de l'eau dans le coulis : liquide, liquide-solide et solide. L'analyse thermique pour les états liquide et solide de l'eau dans le coulis est classique et conduit à un

194

système d'équations différentielles de premier ordre pour le bilan énergétique des deux phases du fluide et du bain thermostaté :

$$\begin{cases} \dfrac{dT_p}{dt} = \dfrac{h_{pf}A_p}{m_p C_{pp}}\left(T_f - T_p\right) \\[2ex] \dfrac{dT_f}{dt} = -\dfrac{N\,h_{pf}A_p}{m_f C_{pf}}\left(T_f - T_p\right) - \dfrac{h_{st}A_{st}}{m_f C_{pf}}\left(T_f - T_t\right) \end{cases} \qquad (3\text{-}9)$$

où h_{pf} et h_{st} sont les coefficients d'échange thermique particules-fluide et suspension-bain thermostaté, A_p et A_{st} sont les surfaces d'une particule et celle de la suspension en contact avec le bain thermostaté, m_p et m_f et C_{pp} et C_{pf} représentent les masses et les chaleurs massiques respectivement d'une particule et du fluide porteur ; T_t est la température du bain thermostaté. Le taux de surfusion n'a pas été pris en compte dans leur modèle.

Pour caractériser le processus de cristallisation du MCP, Royon *et al.* ont proposé une approche phénoménologique qui consiste à l'introduire à travers le nombre de Stefan, donné par l'équation suivante :

$$\text{Ste} = \frac{C_{pp}\left(T_c - T_f\right)}{\Delta h} \qquad (3\text{-}10)$$

Chaque zone de la particule qui atteint la température de changement de phase (congélation dans ce cas) T_c, subit une transition liquide-solide avec la chaleur latente Δh. La dynamique du transfert de chaleur entre les particules et le fluide porteur est donc dépendante de la différence $(T_c\text{-}T_f)$. Comme la température T_f dépend du temps, le nombre de Stefan devient une fonction du temps. La taille des particules

195

étant millimétrique, il n'est pas possible de supposer que le profil de température est uniforme dans les particules pendant le changement de phase. L'échelle du temps pour le transfert de chaleur latente doit être introduite au moyen de la diffusivité thermique α et de la dimension caractéristique d'une particule (le rapport volume/surface), soit pour une particule sphérique, $r_p/3$.

Considérant q_p la chaleur mise en jeu par le changement de phase d'une particule à l'instant t, les auteurs proposent pour la quantité de chaleur dq_p perdue par une particule dans un intervalle de temps dt, la relation suivante :

$$\frac{dq_p}{q_p} = -f(\text{Ste})\frac{\alpha\, dt}{\left(\dfrac{r_p}{3}\right)^2} \tag{3-11}$$

En tenant compte de la solution classique du problème du Stefan ($f(\text{Ste}) = K\sqrt{\text{Ste}}$), avec K une constante, cette expression devient :

$$\frac{dq_p}{q_p} = -K\sqrt{\frac{C_{pp}\left(T_c - T_f(t)\right)}{\Delta h}}\frac{\alpha\, dt}{\left(\dfrac{r_p}{3}\right)^2} \tag{3-12}$$

En considérant que chaque particule libère la même quantité de chaleur dans l'intervalle de temps dt, le flux total de chaleur dq libéré par N particules, s'écrit :

$$dq = N\, dq_p \tag{3-13}$$

Ainsi, pour le fluide porteur et en négligeant les transferts convectifs devant l'effet du changement de phase, le bilan thermique s'écrit :

$$m_f C_{pf} \frac{dT_f}{dt} = NK \sqrt{\frac{C_{pp}\left(T_c - T_f(t)\right)}{\Delta h}} \frac{\alpha}{\left(\dfrac{r_p}{3}\right)^2} q_p - h_{st} A_{st} \left(T_f - T_i\right) \qquad (3\text{-}14)$$

Les équations (3-12) et (3-14) forment un système de deux équations non-linéaires du premier ordre ayant comme inconnues $q_p(t)$ et $T_f(t)$. Les conditions initiales sont : $q_p(0)= q_{ptot}$ et $T_f(0)=T_c$, où $q_{p,tot}$ est la chaleur latente totale contenue dans une particule. Les équations étant non-linéaires, une solution analytique ne peut pas être obtenue. Ainsi, les auteurs les ont résolues numériquement en utilisant la méthode des différences finies.

Pour une fraction massique $0,15 < c_m < 0,36$ en particules, les résultats du modèle théorique et ceux de l'expérience sont superposables. L'approche phénoménologique peut donc être considérée valide pour estimer le temps de congélation des particules millimétriques dans un réacteur agité.

1.1.4 Modèle de Demasles (2002)

Le comportement thermique d'un fluide frigoporteur analogue (coulis de glace stabilisé) à celui que nous utilisons dans un canal rectangulaire, a été étudié par Demasles (2002). Pour cela un modèle 3D a été réalisé et mis en oeuvre grâce au logiciel TRIO[®] du CEA. Il prend en compte la modélisation des transferts thermiques et du changement de phase dans les particules de polymère contenant le MCP (eau), ainsi que les transferts entre les billes et le fluide porteur. La modélisation des transferts est basée sur les équations classiques de bilans locaux, le bilan de l'énergie étant affecté d'un terme source représentant le transfert dans les particules et l'énergie de changement d'état de l'eau. L'expression de ce terme, inspirée des travaux de Charunyakorn *et al.*, prend en compte les transferts conductifs internes aux particules, les transferts convectifs entre la particule et le fluide support, ainsi que le terme de chaleur latente. Considérant la possibilité d'apparition du phénomène de surfusion lors de la congélation des particules, celui-ci a aussi été pris en considération. Le logiciel utilisé permet d'introduire facilement un terme source dans l'équation de l'énergie mais ne permet pas de faire varier les propriétés physiques de la suspension.

Afin de résoudre les équations de transfert de chaleur, des hypothèses simplificatrices ont été posées :
- le fluide est incompressible et newtonien ;
- l'écoulement est permanent et laminaire ;
- le fluide diphasique rentre dans l'échangeur à une température homogène, supérieure à la température de congélation du MCP, les particules étant entièrement liquides ;
- les particules sont des sphères rigides dont le volume est constant ;

- la densité en particules est uniforme dans toute la section du canal.

Dans un premier temps, seules les équations de conservation de la masse et de la quantité de mouvement sont résolues afin d'établir le profil de vitesse et de pression. Ce n'est qu'une fois que le régime hydraulique est établi, que l'équation de l'énergie est résolue. Les paramètres qui influencent le transfert thermique dans le fluide frigoporteur (la vitesse de passage, la concentration massique en particules, le degré de surfusion, la température des parois et le diamètre des particules) ont été choisis de manière à ce que toutes les particules sortent congelées de l'échangeur.

L'auteur a observé que le profil de température dépend de la position du point considéré tant sur la hauteur du canal que sur la longueur. Les résultats ont montré que le temps nécessaire au changement de phase augmente au fur et à mesure que l'on pénètre au cœur de l'écoulement. Ainsi, pour une position transversale donnée, le changement de phase a lieu pour des valeurs de l'abscisse de plus en plus grande. Les résultats du modèle ont montré que la chaleur dégagée par le changement de phase constitue une barrière qui empêche le flux thermique de pénétrer plus au cœur de l'écoulement.

Avec l'augmentation de la vitesse de passage du fluide frigoporteur, le temps de séjour dans l'échangeur diminue, ce qui augmente la longueur des paliers de changement de phase.

Une étude paramétrique sur l'influence de la taille des particules montre que plus les particules sont petites, plus la vitesse de congélation est importante. Ainsi, la chaleur latente dégagée par unité de temps est plus importante. Par contre, la quantité d'énergie dégagée lors de la congélation des particules étant identique, les températures de chaque maille à la sortie de l'échangeur ne dépendent pas de la taille des particules.

L'étude a mis en évidence le fait que la vitesse de congélation diminue avec le degré de surfusion.

1.1.5 Modèle de Ionescu (2007)

Le modèle de Ionescu (2007) a été inspiré des travaux de Charunyakorn *et al* (1991), il avait utilisé un terme source dans l'équation de l'énergie, tout en prenant en compte l'influence de la surfusion.

Ionescu a travaillé sur le coulis de glace stabilisé, il a supposé dans son modèle que l'écoulement est considéré incompressible et à profil de vitesse connu. Il a considéré que la suspension est homogène et a négligé la dissipation visqueuse dans l'équation de l'énergie.

Selon Ionescu, le profil de vitesse pour l'écoulement laminaire d'un fluide chargé en particules solides entre deux plaques parallèles est donné par l'expression générale suivante :

$$u(y) = \frac{(n+1)}{n}\bar{u}\left[1-\left(\frac{y}{y_0}\right)^n\right]$$

(3-15)

où le paramètre n peut varier jusqu'à 15, voire plus selon la charge en particules et leur taille par rapport à celle de la canalisation. La Figure 3-1 illustre la variation du profil de vitesse en fonction de la valeur donnée au paramètre n, pour une même vitesse moyenne du fluide.

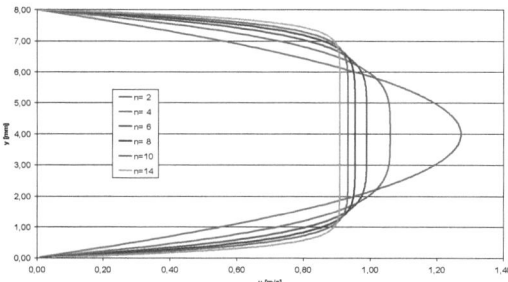

Figure3-1 : Profil de vitesse d'après l'équation (3-15) pour différentes valeurs du paramètre n ($\bar{u} = 0,85$ m/s)

Dans le modèle de Ionescu, l'écoulement est unidirectionnel, la composante de la vitesse selon y est nulle. L'équation de la conservation de l'énergie avec terme source s'écrit :

$$\rho_s C_{ps} \frac{\partial T}{\partial t} + \rho_s C_{ps} u(y) \frac{\partial T}{\partial x} - \frac{\partial}{\partial x}\left(\lambda_{sa} \frac{\partial T}{\partial x}\right) - \frac{\partial}{\partial y}\left(\lambda_{sa} \frac{\partial T}{\partial y}\right) = S \qquad (3\text{-}16)$$

Le terme source de l'équation de l'énergie provient uniquement du changement de phase qui se produit à l'intérieur d'une particule de MCP. Ionescu a calculé le terme source et a résolu l'équation (3-16) par la méthode des volumes finis.

Il a établi le champ de températures moyennes du fluide, la densité de flux thermique ainsi que le coefficient d'échange thermique local par son modèle et les a comparé aux résultats expérimentaux des essais effectués en régime laminaire sur un fluide frigoporteur monophasique FFM (l'huile) ainsi que sur le FFD qui est le coulis de glace stabilisé.

1.2 Chaleur latente prise en compte par une capacité thermique équivalente

La modélisation du phénomène de changement de phase peut être abordée d'une manière différente. Ainsi, au lieu d'ajouter un terme source à l'équation de l'énergie pour considérer le changement de phase, Roy et Avanic (2001b) utilisent une capacité thermique équivalente.

Dans la méthode de la capacité thermique équivalente, les effets de changement de phase sont incorporés à la capacité thermique massique du matériau à changement de phase qui devient une fonction de la température et de la concentration en MCP. Cette approche considère que le changement de phase se fait sur un intervalle de températures et non à une température de fusion donnée. Ainsi, si on considère l'intervalle de températures de changement de phase $[T_1, T_2]$, la chaleur latente de fusion/solidification (Δh) peut alors être liée à la distribution de la capacité thermique par l'équation suivante :

$$\Delta h = \int_{T_1}^{T_2} C_{pp}(T)\, dT \qquad (3\text{-}17)$$

Les auteurs ont étudié la fusion d'une suspension dans une conduite cylindrique à température de paroi

202

constante. Si la distribution de vitesse est connue, la distribution de température dans la section du canal, pour un écoulement établi, peut se calculer par l'équation de conservation de l'énergie :

$$\rho_s C_{ps}\left(\overrightarrow{u\nabla T}\right)=div\left(\lambda_{sa}\overrightarrow{\nabla T}\right) \qquad (3\text{-}18)$$

La masse volumique de la suspension (ρ_s) est considérée égale à la masse volumique moyennée par le volume occupé par chaque composant.

La conductivité thermique apparente (λ_{sa}) rend compte des effets micro-convectifs autour des particules qui sont fonction de la position radiale de la particule dans la conduite. L'expression de cette conductivité a été présentée précédemment.

La capacité thermique de la suspension se calcule avec la relation :

$$C_{ps}=\left(1-c_m\right)C_{pf}+c_m C_{pMCP} \qquad (3\text{-}19)$$

avec c_m la fraction massique en particules. L'indice f se réfère au fluide porteur et *MCP* au matériau à changement de phase.

Citant la littérature, les auteurs ont supposé que l'influence de la température sur la valeur de la capacité thermique du MCP dans le domaine de la température de fusion ($[T_1,T_2]$) est très faible. En conséquence, il est possible de supposer que la capacité thermique reste constante pendant le processus de changement de phase. L'équation suivante peut alors être employée pour évaluer la chaleur massique du matériau à changement de phase pendant le processus de fusion :

$$C_{pMCP} = \frac{\Delta h}{T_2 - T_1} \qquad (3\text{-}20)$$

Pour un écoulement laminaire établi dans une conduite cylindrique, la vitesse suivant l'axe de l'écoulement est donné par l'équation (3-1).

L'équation de l'énergie pour le problème de convection forcée en écoulement laminaire dans une conduite circulaire avec flux thermique constant aux parois, peut alors s'écrire :

$$2\bar{u}\left[1-\left(\frac{R}{R_0}\right)^2\right]\frac{\partial T}{\partial x} = \frac{\alpha}{R}\left[\frac{\partial}{\partial R}\left(\lambda_{sa} R \frac{\partial T}{\partial R}\right)\right] \qquad (3\text{-}21)$$

avec les conditions aux limites : $T=T_e$ à $x=0$, $\frac{\partial T}{\partial R}=0$ à $R=0$ et $-\lambda\frac{\partial T}{\partial R}=\varphi_w$ à $R=R_0$.

Dans l'équation ci-dessus, x est la coordonnée axiale, R est la coordonnée radiale, α est la diffusivité thermique de la suspension, φ_w est la densité de flux thermique pariétal et T_e est la température du mélange à l'entrée du canal.

En adimensionnant les variables dans l'équation de l'énergie, les équations obtenues dépendent de quatre paramètres adimensionnels :

- le nombre de Stefan : $\mathrm{Ste} = \dfrac{C_p\left(\varphi_w R / \lambda\right)}{c_m \Delta h}$;

- le degré de sous-refroidissement : $\left(\dfrac{T_1 - T_e}{\varphi_w R / \lambda}\right)$;

-   l'intervalle de température du changement de phase :
$\left(\dfrac{T_2 - T_1}{\varphi_w R / \lambda} \right)$;

-   le rapport des capacités thermiques : $C_p^* = \dfrac{c_m C_{pMCP}}{C_p}$;

Un code de calcul mettant en application le modèle théorique a été écrit en utilisant le langage Fortran 90[®]. Les résultats numériques ont été comparés aux solutions théoriques précédentes aussi bien qu'aux données expérimentales. L'étude numérique montre que le nombre de Stefan est un paramètre qui a un impact significatif sur les transferts thermiques pour les suspensions contenant des matériaux à changement de phase. Aux faibles nombres de Stefan, l'augmentation de la température pour une suspension chargée en particules à changement de phase peut être de 50 % inférieure à l'augmentation correspondant à un fluide pur. En revanche, aux nombres de Stefan élevés, l'augmentation de la température de la paroi est comparable à celle de la température avec des suspensions sans changement de phase. Cependant, les auteurs notent que dans le cas des suspensions à base d'eau, les augmentations de la température de la paroi sont inférieures aux nombres de Stefan élevés. Ceci est dû à une diminution substantielle de la viscosité de l'eau dans la longueur du tube.

Les résultats du modèle montrent que les effets des autres paramètres sur l'augmentation de la température de la paroi ne sont pas importants. Ainsi, le rapport des capacités thermiques a un impact négligeable. Le degré de sous-refroidissement peut devenir important aux flux thermiques très faibles ou quand la température d'entrée est beaucoup plus petite que la température correspondant au point de fusion. L'intervalle de la température de fusion a une influence seulement si le matériau à changement de phase contient beaucoup d'impuretés de sorte que la fusion se produit sur un grand intervalle de températures.

2 Modélisation du comportement thermo-hydraulique du coulis de paraffine

2.1 Modèle hydraulique

2.1.1 Hypothèses générales

Dans le modèle hydraulique, on utilise l'approche du fluide équivalent «*The mixture model*» où la vitesse de glissement des particules par rapport au liquide porteur est prise en compte. Dans ce modèle le couplage entre les phases solide et liquide est fort, et les particules sont entraînées par l'écoulement.

Afin de faciliter l'élaboration du modèle et la résolution des équations de base, les hypothèses simplificatrices suivantes ont été faites :

- l'écoulement est considéré incompressible et hydrodynamiquement développé ;
- les particules sont des sphères rigides et inertes de dimensions très faibles par rapport aux dimensions caractéristiques de l'écoulement;

- la dissipation visqueuse et l'inertie thermique sont négligées.

2.1.2 Mise en équations

Le fluide frigoporteur diphasique (coulis de paraffine) est en écoulement dans le canal, de section rectangulaire. L'écoulement est supposé unidirectionnel puisque les dimensions de la section du canal sont très faibles par rapport à sa longueur, et le vecteur vitesse n'aura qu'une seule composante et sera porté par l'axe du canal.

Deux cas seront étudiés,

✓ les canaux en position verticale

✓ les canaux en position horizontale

Les équations de conservation de la masse et de la quantité de mouvement s'écrivent :

- équations de continuité

$$\frac{\partial \rho_s}{\partial t} + \nabla(\rho_s \vec{v}) = 0 \qquad (3\text{-}22)$$

- équations quantité de mouvement

$$\frac{\partial \rho_s \vec{v}}{\partial t} + \nabla(\rho_s \vec{v}.\vec{v}) = -\nabla p + \nabla \tau + \rho_s \vec{g} + \nabla(\sum_{k=1}^{n} \rho_k C_{v,k} \vec{v}_{d,k} \vec{v}_{d,k}) \qquad (3\text{-}23)$$

Dans l'équation (3-21), le terme $\vec{v}_{d,k}$ désigne la vitesse de dérive de la phase k par rapport au fluide porteur, elle est directement liée à la vitesse relative (vitesse de

207

glissement de la phase k par rapport au fluide porteur)
$\vec{v}_{g,_k}$:

$$\vec{v}_{g,_k} = \vec{v}_k - \vec{v} \qquad (3\text{-}24)$$

$$\vec{v}_{d,k} = \vec{v}_{g,k} - \sum_{i=1}^{i=n} \frac{c_{v_i} \rho_i}{\rho_s} \vec{v}_i \qquad (3\text{-}25)$$

τ désigne la contrainte de cisaillement, elle est liée a la viscosité dynamique μ par la relation :

$$\tau = \mu_s \nabla \vec{v} \qquad (3\text{-}26)$$

Les coulis de paraffine se comportent en tant que fluides de Bingham, la contrainte de cisaillement τ est une fonction linéaire de la vitesse de déformation $\dot{\gamma}$, la constante de proportionnalité est la viscosité dynamique μ_s de la suspension (voir l'équation 1-5).

$$\tau = \tau_0 + \mu \dot{\gamma}$$

L'analyse des résultats expérimentaux montre que le coulis de paraffine ayant une fraction massique en particules de 6% est newtonien alors que celui qui a 12% possède une contrainte seuil τ_0 non nulle et se comporte donc comme un fluide de Bingham.

La valeur de la contrainte seuil τ_0 dépend de la fraction massique en particules dans le coulis. Dans ce travail, elle sera calculée à partir de la formule proposée par Christensen (Christensen et al) :

208

$$\tau_0 = 0.00059 C_m^{\ 3} - 0.00701 C_m^{\ 2} + 0.087 C_m - 0.02498 \quad (3\text{-}27)$$

Dans ce travail, nous allons prendre en compte ces considérations dans l'équation de conservation de quantité de mouvement.

2.1.2.1 Canal horizontal

L'écoulement du fluide FFD dans le canal horizontal, de section rectangulaire, est représenté sur la Figure 3-2.

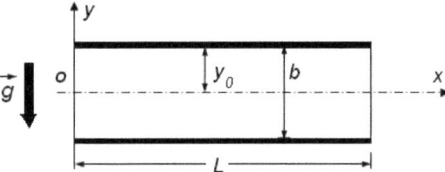

Figure 3-2 : Schématisation du canal horizontal de section rectangulaire

L'équation de continuité devient :

$$\frac{\partial \rho_s}{\partial t} + \frac{\partial}{\partial x}(\rho_s u) = 0 \quad (3\text{-}28)$$

Dans l'équation de conservation de quantité de mouvement, la vitesse relative des particules par rapport à la phase liquide s'écrit :

$$\overline{v_r} = \frac{\rho_p - \rho_s}{18\mu_l f} d_p^2 (\overline{g} - \frac{\partial \overline{v}}{\partial t} - \overline{v}\overline{\nabla}\overline{v}) \quad (3\text{-}29)$$

209

La force de frottement f est donnée par l'expression suivante :

$$f = \begin{cases} 1+0.15\mathrm{Re}_p^{0.687} & si \quad \mathrm{Re}_p \leq 1000 \\ 0.0183\mathrm{Re}_p & si \quad \mathrm{Re}_p \succ 1000 \end{cases} \qquad (3\text{-}30)$$

Re_p est le nombre de Reynolds relatif à la particule de diamètre d_p, il est donné par :

$$\mathrm{Re}_p = \frac{d_p \rho_s v_r}{\mu_s} \qquad (3\text{-}31)$$

En écoulement horizontal, l'équation de conservation de la phase solide est prise en compte, et l'effet de la gravite intervient notamment (El Boujaddaini et al.(a),2010).

$$\frac{\partial(\rho_s C_m)}{\partial t} + \nabla(\rho_s C_m \vec{v}) = -\nabla(\rho_s D \nabla C_m) + \nabla(\rho_s C_m (1-C_m)\vec{V}_r) \qquad (3\text{-}32)$$

Pour des faibles nombres de Reynolds, l'effet de la vitesse relative peut être négligé dans l'équation (3-32) et le vecteur vitesse aura une composante $v(y)$ sur la verticale qui tend vers la vitesse limite w (Kitanovski et Poredos,2002) On aura alors :

$$D_c \frac{d^2 C_m(y)}{dy^2} + C_m(y)\frac{du(y)}{dy} + v(y)\frac{dC_m(y)}{dy} = 0 \qquad (3\text{-}33)$$

Soit encore pour $v(y) \approx w$, on trouve l'équation donnée par Schmidt et Rouse citée par Nasr-El-Din et al .

$$D_c \frac{d^2 C_m(y)}{dy^2} + w \frac{dC_m(y)}{dy} = 0 \qquad (3\text{-}34)$$

Le coefficient de diffusion est donné par l'équation de Stokes –Einstein.

$$D_c = \frac{k_B T}{3\pi d_p \mu_l} \tag{3-35}$$

k_B est la constante de Boltzmann et T la température absolue.

Doron a donné le coefficient de diffusion par l'équation suivante :

$$D_c = 0,052\sqrt{\frac{f_i}{8}} D_h u \tag{3-36}$$

f_i est le coefficient de frottement donné par Doron (Nasr-El-Din et al.,1987) , et calculé à l'aide de la formule de Colebrook.

$$\frac{1}{\sqrt{2f_i}} = -0,86Ln(\frac{d_p}{3,7D_h} + \frac{2,51}{Re\sqrt{2f_i}}) \tag{3-37}$$

Les particules de MCP, sont maintenues dans la partie supérieure du canal, sous l'effet de la gravité (poussée d'Archimède) pour les faibles valeurs de la vitesse. On est en présence de lit stationnaire ou mobile. Au fur et à mesure que la vitesse augmente, la plupart des particules sont attirées dans le courant principal de fluide porteur par les forces de cisaillement et le profil de concentration en particules de paraffine devient hétérogène.

Pour des valeurs plus importantes de la vitesse, la concentration en particules de paraffine atteint une valeur constante dans toute la section du canal qui est la concentration moyenne en particules, l'écoulement devient donc homogène.

2.1.2.2 Canal vertical

Dans notre modèle, le coulis de paraffine est en écoulement vertical du bas vers le haut dans un canal de section rectangulaire simulant un échangeur à plaques (Figure 3-3). L'effet de la gravité ne produit plus de gradient de concentration, et l'écoulement est alors homogène et parallèle.

Les équations décrivant le modèle hydraulique restent valables, et la vitesse relative est donc verticale dans le sens de l'écoulement.

Une fois les équations établies, elles seront résolues numériquement en considérant la discrétisation en volumes finis, dans un système de coordonnées bidimensionnelles.

Le modèle permet de trouver la distribution de concentration de particule dans le canal horizontal ainsi que les pertes de pression pour différentes valeurs du débit massique du FFD.

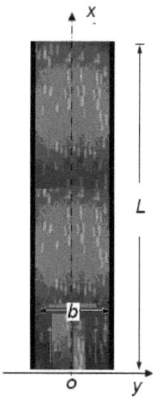

Figure 3-3 : Schématisation du canal vertical de section rectangulaire

2.2 Modèle thermique

Demasles(2002) et Ionescu(2007) avaient utilisé dans leurs modèles un terme source dans l'équation de l'énergie pour prendre en considération le changement de phase. Dans notre cas, on utilise la méthode de la capacité thermique équivalente en considérant que les effets de changement de phase sont incorporés à la capacité thermique massique du matériau à changement de phase MCP. On s'intéresse dans cette étude à un canal vertical où le fluide FFD s'écoule du bas vers le haut.

Au cours de ce travail, nous avons négligé l'influence de la surfusion, et avons pris en compte la variation des propriétés physiques des constituants du fluide frigoporteur avec la température et l'état du MCP.

Nous supposons que les hypothèses simplificatrices suivantes sont vérifiées :

- l'écoulement est considéré incompressible et hydrodynamiquement développé et à température uniforme à l'entrée de la section de transfert thermique ;
- les particules sont des sphères rigides et inertes ;
- la suspension est homogène ;
- la dissipation visqueuse et l'inertie thermique sont négligées dans l'équation de conservation de l'énergie ;
- l'effet de paroi, qui crée une couche sans particules près de la paroi du canal, est négligé.

Dans les travaux expérimentaux, nous avons d'abord étudié la congélation du MCP dans le coulis de paraffine en écoulement établi dans le canal froid à température de paroi constante. Ensuite nous avons abordé la fusion de la suspension dans le canal chaud avec les parois soumises à un flux thermique constant.

L'équation de conservation de l'énergie peut s'écrire alors:

$$\frac{\partial(\rho_s h_d)}{\partial t} + \nabla(\rho_s h_d \vec{v}) + \nabla(\rho_s \varphi_l \vec{v}_r (h_d - h_l)) = \nabla(\lambda_{sa} \nabla T) + \overset{\bullet}{q} \quad (3\text{-}38)$$

Avec le terme $\overset{\bullet}{q} \begin{cases} = 0 & a & T = cte \\ \neq 0 & si & \varphi = cte \end{cases}$ qui représente le flux thermique.

214

Et h_d, l'enthalpie massique du fluide diphasique liquide-solide qui est le coulis de paraffine dans notre cas. Elle est exprimée par la relation :

$$\rho_s h_d = C_m \rho_p h_p + (1 - C_m)\rho_l h_l \tag{3-39}$$

ρ_p et ρ_l sont les masses volumiques de la paraffine et de la phase liquide, h_p et h_l sont les enthalpies massiques de la paraffine MCP et du liquide respectivement.

L'enthalpie massique du MCP est donnée par l'expression suivante
(El boujaddaini et al. (b) ,2010) :

$$h_p = -\xi_s L_F + \int_{T_F}^{T} C_{pp}(\theta)d\theta \tag{3-40}$$

L_F est la chaleur latent de fusion des particules de paraffine et ξ_s est la fraction massique en phase solide dans la particule de MCP. T_F est la température de fusion , elle est de l'ordre de

$T_F = 7°C$.

L'enthalpie massique de la phase liquide (eau) s'écrit:

$$h_l = \int_{T_F}^{T} C_{pl}(\theta)d\theta \tag{3-41}$$

C_{pp} et C_{pl} désignent les capacités thermiques massiques des particules de paraffine et de la phase liquide.

Pour tenir compte des effets microconvectifs autour des particules, Ismail et Radwan (1999) proposent, pour la conductivité apparente de la suspension (λ_{sa}) l'équation suivante :

$$\lambda_{sa} = \lambda_s \left(1 + 1,8 c_v \mathrm{Pe}_p^{0,18}\right) \qquad (3\text{-}42)$$

où λ_s est la conductivité thermique de la suspension donnée par l'équation (1-48) ; c_v est la fraction volumique de particules et Pe_p est le nombre de Péclet des particules défini comme $\mathrm{Pe}_p = e d_p^2 \alpha_f^{-1}$, avec e le gradient transversal de vitesse, d_p le diamètre de la particule et α_f la diffusivité thermique du fluide porteur.

Dans le canal vertical et pour des nombres de Reynolds relativement faibles, l'équation de l'énergie peut être simplifiée sous la forme d'une équation de convection diffusion :

$$\frac{\partial}{\partial t}(\rho_s C_{ps} T) + \frac{\partial}{\partial x}(\rho_s C_{ps} u T) = \rho_p C_m L_F \frac{\partial \xi_s}{\partial t}$$
$$+ \rho_p C_m L_F \frac{\partial (u \xi_s)}{\partial x} + \lambda_{sa} \frac{\partial^2 T}{\partial x^2} + \overset{\bullet}{q} \qquad (3\text{-}43)$$

Le terme $\rho_s C_{ps}$ est donné par l'expression suivante :

$$\rho_s C_{ps} = \rho_p C_m C_{pp} + (1 - C_m) \rho_l C_{pl} \qquad (3\text{-}44)$$

Dans le prochain paragraphe, nous allons présenter la méthode numérique de résolution des équations décrivant le comportement thermohydraulique du coulis de paraffine en écoulement dans un canal de section rectangulaire.

2.3 Méthode de résolution

2.3.1 Discrétisation de l'équation générale de convection-diffusion

Les équations de conservation de la masse, de la quantité de mouvement et de l'énergie peuvent se mettre sous la forme de l'équation générale de convection diffusion, qui s'écrit sous la forme :

$$\frac{\partial}{\partial t}(\rho\varphi) + \nabla(\rho\vec{v}\varphi) = \nabla\left(\Gamma\nabla(\varphi)\right) + S \qquad (3\text{-}45)$$

φ est une variable caractéristique du système (composante de vitesse, température,…) généralisée par unité de volume, et Γ le coefficient de diffusion généralisé, il exprime la propriété de transport comme la viscosité ou la diffusivité.

Les trois méthodes numériques les plus utilisées pour discrétiser une équation de conservation sont, la méthode aux différences finies, des volumes finis et des éléments finis

- La méthode aux différences finies, qui fournit une solution approchée en des points discrets. Elle est basée sur l'expression des dérivées partielles en développement de séries de Taylor.

- La méthode des éléments finis consiste à discrétiser l'espace physique par des éléments géométriques simples tels que les triangles par exemple, les équations non linéaires y sont remplacées par d'autres présentant des combinaisons linéaires des fonctions de

217

base qu'on se propose de calculer en différents points du système étudié. On a la possibilité de traiter des géométries à frontières curvilignes.

- La méthode des volumes finis : consiste à discrétiser l'équation du bilan de conservation écrite sous sa forme intégrale sur un élément de volume appelé volume de contrôle.

Pour la résolution numérique du modèle, nous avons utilisé la méthode des volumes finis (MVF) dans un système de coordonnées cartésiennes bidimensionnelles (x,y). Avec cette méthode, il est tout d'abord indispensable de mailler le domaine physique étudié, comme indiqué sur la Figure 3-4.

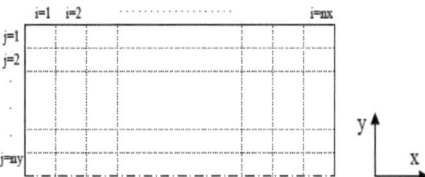

Figure 3-4 : Maillage du canal (froid ou chaud)

La base de la méthode numérique consiste à discrétiser l'équation de convection diffusion, c'est à dire la conversion de l'équation différentielle en équation algébrique reliant la valeur de φ en un noeud P du maillage aux valeurs de la variable aux points voisins.

Ceci est réalisé par intégration de cette équation sur le volume de contrôle centré au point P et l'approximation des différents termes par des expressions faisant apparaître la variable φ.

Pour l'intégration de cette équation sur le volume de contrôle considéré, il convient d'introduire la notion de flux généralisé (convection et diffusion).

On appelle flux généralisé suivant la direction i la quantité J_i définie par :

$$J_i = \rho_i u_i \varphi_i - \Gamma \frac{\partial \varphi}{\partial x_i} \qquad (3\text{-}46)$$

L'équation différentielle (3-45) devient alors:

$$\frac{\partial}{\partial t}(\rho\varphi) + \nabla \vec{J} = S \qquad (3\text{-}47)$$

Le volume de contrôle centré au point P sur lequel est intégrée l'équation est schématisé sur la Figure 3-5, il est limité par les quatre faces désignées par $e, w, n, s,$ et son volume est ΔV.

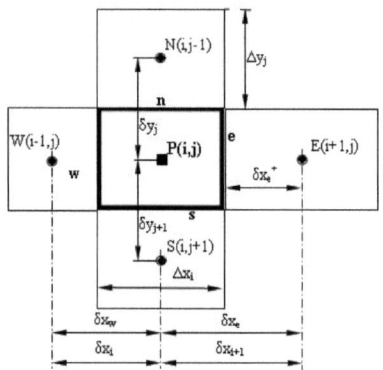

Figure 2-1 : Schéma du volume fini.

Par intégration de l'équation sur le volume de contrôle considéré, on obtient l'équation algébrique en φ_p fonction des termes sur les faces. La valeur de $J\,x$ est constante sur les faces Est et Ouest du volume de contrôle, la valeur de $J\,y$ est constante sur les faces Nord et Sud, et la valeur de S est constante sur l'ensemble du volume de contrôle. Ceci est justifié par le fait que les valeurs utilisées sont des valeurs moyennes sur la surface ou dans le volume.

$$\frac{\rho_p \varphi_p - \rho_p^0 \varphi_p^0}{\Delta t} \Delta x \Delta y + J_e A_e$$
$$- J_w A_w + J_n A_n - J_s A_s = S \Delta x \Delta y \qquad (3\text{-}48)$$

Les termes φ_p, φ_p^0 et $A_{(ewns)}$ sont définis par :

φ_p :la valeur de φ_p à l'instant t+Δt,

φ_p^0 :la valeur de φ_p à l'instant t,

$A_{(ewns)}$: les aires des différentes faces du volume de contrôle.

Le terme source peut être constant ce qui ne pose aucun problème particulier. Mais souvent il dépend explicitement de la variable φ_p. Cela peut causer des problèmes au niveau du traitement numérique (instabilités, divergence de la méthode numérique).

Pour éviter ce genre de problème il faut linéariser ce terme en le décomposant en deux parties :

$$S = S_c + S_p \qquad (3\text{-}49)$$

S_c est la partie constante du terme source et S_p le coefficient dépendant de φ_p

L'opération de linéarisation du terme source est souvent cruciale, car la solution de beaucoup de problèmes complexes dépend de cette décomposition. Il faut veiller à ce que le coefficient S_p soit négatif, un coefficient positif peut faire diverger le code de calcul.

L'application du schéma numérique aux équations de l'écoulement permet d'écrire les équations de conservation discrétisées comme suit :

L'intégration de l'équation de continuité nous donne :

$$\frac{\rho_p - \rho_p^0}{\Delta t}\Delta x\Delta y + F_e - F_w + F_n - F_s = 0 \qquad (3\text{-}50)$$

F_e étant le flux massique sortant de la face e, il s'écrit :

$$F_e = (\rho u)_e \Delta y \qquad (3\text{-}51)$$

En multipliant cette équation par φ_p et en la retranchant de l'équation de transport -diffusion (3-45), on obtient :

$$\frac{(\varphi_p - \varphi_p^0)\rho_p^0}{\Delta t}\Delta x\Delta y + (J_e A_e - F_e\varphi_p) - (J_w A_w - F_w\varphi_p)$$
$$+(J_n A_n - F_n\varphi_p) - (J_s A_s - F_s\varphi_p) = (S_c + S_p\varphi_p)\Delta x\Delta y \quad (3\text{-}51)$$

Les quatre termes $J_i A_i - F_i\varphi_p$ peuvent s'écrire selon Patankar (Patankar et Spalding.,1972) sous forme des relations suivantes :

$$J_e A_e - F_e\varphi_p = a_E(\varphi_P - \varphi_E)$$
$$J_w A_w - F_w\varphi_p = a_W(\varphi_W - \varphi_P)$$
$$J_n A_n - F_n\varphi_p = a_N(\varphi_P - \varphi_N)$$
$$J_s A_s - F_s\varphi_p = a_S(\varphi_S - \varphi_P)$$
$$(3\text{-}51)$$

Ayant déterminé, tous les termes de l'équation (3-48), on pourra écrire l'équation algébrique de la variable φ au nœud centrale P du volume de contrôle. Cette équation se présente sous la forme générale suivante :

$$a_P\varphi_P = a_E\varphi_E + a_W\varphi_W + a_N\varphi_N + a_S\varphi_S + b \quad (3\text{-}52)$$

Avec

$$a_E = D_e A(|P_e|) + \max(0, -F_e)$$
$$a_N = D_n A(|P_n|) + \max(0, -F_n)$$
$$a_W = D_w A(|P_w|) + \max(0, F_w)$$
$$a_S = D_s A(|P_s|) + \max(0, F_s)$$
$$(3\text{-}53)$$

$$a_P = a_E + a_W + a_N + a_S - S_P \Delta x \Delta y + a_p^0$$

$$b = S_C \Delta x \Delta y + a_p^0 \varphi_p^0$$

$$a_p^0 = \frac{\rho_p^0}{\Delta t} \Delta x \Delta y$$

Les coefficients de diffusion sont donnés par les expressions suivantes :

$$D_e = \Gamma_e \frac{\Delta y}{\delta x_e} \qquad D_w = \Gamma_w \frac{\Delta y}{\delta x_w}$$

$$D_n = \Gamma_n \frac{\Delta x}{\delta y_n} \qquad D_s = \Gamma_s \frac{\Delta x}{\delta y_s}$$
(3-54)

P est le nombre de Peclet, il représente le rapport entre l'intensité des phénomènes convectifs et diffusifs.

$$P_e = \frac{F_e}{D_e} \qquad P_w = \frac{F_w}{D_w}$$

$$P_n = \frac{F_n}{D_n} \qquad P_s = \frac{F_s}{D_s}$$
(3-55)

La fonction $A(|P|)$ s'appelle fonction d'approximation entre nœuds, elle dépend du schéma numérique employé.

2.3.2 Schémas numériques

Les différents termes constituant l'équation de convection diffusion (3.1) ne présentent pas les mêmes difficultés de discrétisation. En effet, le terme de diffusion et le terme source posent peu de problèmes et sont discrétisés en espace à l'aide du schéma centré du second ordre. En revanche, le terme de convection est beaucoup plus délicat puisque c'est le facteur qui détermine la précision de la solution de l'équation.

Pour ces raisons ; un certain nombre de méthodes de discrétisation, se différenciant par leur précision sont mis au point pour traiter le terme de convection. Parmi ces schémas, on peut citer :

- Schéma centré CDS (second ordre) :

  C'est un schéma extrêmement simple, facile à utiliser, qui est du second ordre en précision et qui présente très peu de diffusion numérique. Malheureusement, il est relativement instable pour des nombres de Péclet supérieurs à 2. De plus, pour ces mêmes nombres de Péclet il provoque des oscillations indésirables de la solution.

  Pour ce schéma, on peut exprimer la variable φ sur la face est du volume de contrôle comme :

  $$\varphi_e = \frac{\varphi_E + \varphi_P}{2} \tag{3-56}$$

- Schéma décentré amont ou (*Upwind*) (premier ordre) (Courant et al, 1952):

  Le schéma Upwind tient compte de la direction de l'écoulement en se basant sur la maille amont. Ce schéma est relativement stable il peut présenter une diffusion numérique importante lorsque la direction de l'écoulement ne correspond pas strictement à celle des lignes du maillage. Ce schéma est également du premier ordre, il est donc moins précis que le schéma centré. Il est également très peu performant pour des écoulements présentant des circulations multiples et cycliques, même pour des maillages très raffinés.

- Schéma Hybride (HDS) (premier ordre) :
  Le schéma hybride a été développé par Spalding en 1972 (Spalding,1972). C'est une combinaison des deux schémas précédents : il s'agit d'un schéma centré là où le nombre de Peclet est inférieur à 2 et d'un schéma amont pour les nombres de Peclet supérieurs ou égaux à 2. Ce schéma peut introduire beaucoup de diffusion numérique pour une large gamme de valeurs du nombre de Péclet. Malgré tout, ce schéma demeure l'un des schémas les plus utilisés pour les grandes valeurs du nombre de Péclet, et cela grâce à l'absence d'oscillations numériques.

- Schéma en Puissance PLDS (premier ordre) (Patankar ,1980):
  Le schéma en puissance n'est qu'une version corrigée du schéma hybride. Ce schéma est particulièrement recommandé par Patankar (1980) parce qu'il permet d'économiser le temps de calcul par rapport au schéma exponentiel, tout en donnant une précision satisfaisante.

- Schéma exponentiel (premier ordre) (Patankar ,1980):
  Le schéma exponentiel est fondé sur la solution analytique de l'équation de convection-diffusion à une dimension sans terme source. Le temps de calcul

relativement long est l'inconvénient majeur de ce schéma.

Le tableau 3-1 donne l'expression de la fonction A pour les cinq schémas numériques (Patankar ,1980).

Schéma numérique	Fonction $A(|P|)$
UpWind	1
CDS	$1-0.5|\text{Peclet}|$
Hybrid	$\max(0,\ 1-0.5|\text{Peclet}|)$
Power Law	$\max(0,\ (1-0.5|\text{Peclet}|)^5)$
Exponentiel	$\dfrac{|\text{Peclet}|}{(\exp(|\text{Peclet}|)-1)}$

Tableau 3–1 : Valeur de la fonction $A(|P|)$ suivant le type du schéma numérique.

- Schéma quadratique amont (QUICK) :

   Ce schéma, proposé par Leonard en 1979 (Leonard, 1979), a été repris et amélioré pour éradiquer les aspects négatifs qui apparaissent dans certains cas de figure. Ainsi, de nombreuses reformulations et corrections ont été proposées, et on trouve dans la littérature de nouvelles versions de ce schéma (QUICKER,QUICKEST(schéma de troisième ordre), ...).

Le schéma QUICK est du 3 ^{ème} ordre au niveau de sa précision et présente, très peu de diffusion numérique, ce qui en fait son principal atout par rapport aux autres. Cependant, des oscillations numériques peuvent apparaître lorsque l'écoulement présente de forts gradients de vitesse ou de pression, ou pour des valeurs élevées du nombre de Péclet.

- Schéma SMART :

  Le schéma SMART a été proposé par Gaskell et Lau en 1987 (Gaskell and Lau , 1987) puis développé par Delannoy en 1989. SMART est une généralisation des schémas les plus classique comme le schéma centré, le schéma Upwind, le schéma Quick...

2.3.3 Couplage pression vitesse

Le système d'équations de conservation comporte quatre variables, deux composantes de la vitesse u et v dans le cas à deux dimensions, la pression P et la température T, Ces équations sont fortement couplées. Toutefois, on observe qu'il n'apparaît pas d'équation qui traduit de manière explicite, l'évolution de la pression. Pour palier ce problème, on utilise le couplage entre la pression et la vitesse, basé sur un maillage décalé, malgré que son extension aux géométries tridimensionnelles s'avère très lourde et impose des temps de calcul très longs (Draoui, 1991).

2.3.3.1 Maillage décalé.

Si l'on utilise un volume de contrôle unique pour toutes les variables, il y aura un découplage entre les noeuds de numéros pairs et ceux de numéros impairs. Un champ de pression alterné peut donner l'impression d'un champ uniforme, ce qui n'est pas souhaitable, car il peut conduire à de faux résultats. Pour remédier a ce problème, on utilise un maillage décalé horizontalement pour la composante horizontale de la vitesse, et verticalement pour la composante verticale (Welch et al.,1966), de telle sorte que les nouveaux noeuds occupent les milieux des faces des volumes du maillage initial qui sert à calculer les champs de température et de pression comme le montre la Figure 3-6.

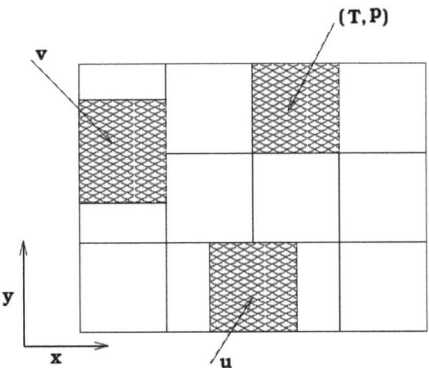

Figure 3-6 : Maillage décalé.

On remarque qu'en utilisant un maillage décalé, les composantes de la vitesse sont calculées sur les faces des volumes du maillage initial, ce qui facilite le calcul direct des flux de transport, sans avoir besoin de faire des interpolations. Mais l'avantage le plus important et qui a une signification physique, est que la différence de pression entre les noeuds voisins représente la force motrice pour les composantes de vitesse.

2.3.3.2 Couplage pression-vitesse

Le couplage pression-vitesse est la liaison qui existe entre le champ de pression et le champ de vitesse du fait que l'équation de conservation de la quantité de mouvement contient le gradient de pression. Cependant cette équation ne peut être résolue que si le terme de pression est bien specifié, c'est à dire en fixant un champ de pression. Alors pour différentes valeurs du champ de pression, qu'on aura fixées, on obtient différents champs de vitesse. Si le champ de pression est exact, le champ de vitesse résultant de la résolution de l'équation de conservation de la quantité de mouvement doit satisfaire également l'équation de continuité. La contrainte qui permet la détermination du champ de pression est donc l'équation de continuité.

La manière avec laquelle il faut traiter le problème de couplage Pression -Vitesse a fait l'objet de nombreuses études. Il en a résulté un certain nombre d'algorithmes (SIMPLE (Patankar and Spalding,

1972), SIMPLER (Patankar , 1986), SIMPLEC (Van Doormaal, 1984), PISO (Issa, 1986),...), qui ne différent que par la technique utilisée pour le traitement de ce couplage.

Dans ce travail, nous allons utiliser l'algorithme SIMPLEC, puisqu il présente généralement une rapidité remarquable de calcul (Zaoui et al.,1996).

L'algorithme SIMPLEC (Raithby and Schneider,1988) est une amélioration de l'algorithme SIMPLE (*Semi Implicit Method for Pressure Linked Equation*) proposé par Patankar.

Tout d'abord, nous commencerons par expliciter ce dernier pour ensuite introduire l'amélioration apportée par les auteurs pour construire l'algorithme SIMPLEC.

Les équations algébriques de conservation de la quantité de mouvement permettent de déterminer le champ de vitesse. Ces équations sont fonctions du gradient de la pression et d'un terme source qui dépend de la vitesse.

$$a_e^u u_e = \sum_{nb} a_{nb}^u u_{nb} + A_e (P_P - P_E) + b_e^u \qquad (3\text{-}57)$$

Les équations sont développées ici pour la composante de la vitesse *u* uniquement au point e, le principe reste le même pour les trois autres points (w,n et s).

Il est possible de résoudre cette équation en se donnant un champ de pression P^* ; il

en résulte un champ de vitesse approximatif u^*, donné

par :

$$a_e^u u_e^* = \sum_{nb} a_{nb}^u u_{nb}^* + A_e(P_P^* - P_E^*) + b_e^u \qquad (3\text{-}58)$$

Le champ de pression étant approximatif, les solutions obtenues après une itération ne vérifient pas a l'équation de conservation de la masse. Il faut corriger la vitesse et la pression pour que les trois champs satisfassent simultanément les trois équations de conservations.

On introduit les termes correctifs u', v' et P' donnés par :

$$P = P^* + P'$$
$$u = u^* + u' \qquad (3\text{-}59)$$
$$v = v^* + v'$$

En substituant les quantités définies ci-dessus dans l'équation (3-57) et en soustrayant l'équation (3-58), on obtient :

$$a_e^u u_e' = \sum_{nb} a_{nb}^u u_{nb}' + A_e(P_P' - P_E') \qquad (3\text{-}60)$$

La caractéristique principale de l'algorithme SIMPLE est de négliger le terme $\sum_{nb} a_{nb}^u u_{nb}'$ qui constitue la contribution des corrections de vitesse des nœuds voisins.

Cette approximation est justifiée, en effet, quand la solution aura convergé vers la solution finale le terme correctif u devient nulle et par conséquent les contributions des noeuds voisins sont nulles. Ce qui permet d'écrire l'expression de la vitesse corrigée comme suit :

$$u_e = u_e^* + d_e(P_P' - P_E') \qquad (3\text{-}61)$$

Avec : $d_e = \dfrac{A_e}{a_e^u}$

En remplaçant la vitesse par son expression (3-61) dans l'équation de continuité (3-50), nous aboutissons à l'équation de correction de pression suivante :

$$a_P^{P'} P_P' = a_E^{P'} P_E' + a_W^{P'} P_W' + a_N^{P'} P_N' + a_S^{P'} P_S' + b_P^{P'} \qquad (3\text{-}62)$$

Avec :

$$a_i^{P'} = \rho_i A_i d_i \qquad (i = E, W, N, S)$$

$$b_P^{P'} = (\rho_P^0 - \rho_P)\frac{\Delta x \Delta y}{\Delta t} + \rho_w u_w^* A_w - \rho_e u_e^* A_e + \rho_s u_s^* A_s - \rho_n u_n^* A_n$$

Le système d'équations (3-62) permet le calcul du champ de correction de pression, la relation (3-61) permet ensuite la correction de vitesse. Notons que le terme $b_P^{P'}$ n'est rien d'autre que le bilan de masse.

2.3.3.3 Critère de convergence

Etant donné le caractère non linéaire et couplé du système de conservation, le processus de la résolution doit être itéré jusqu'a la convergence. Il faut donc avoir un critère pour juger la convergence de la solution, c'est à dire un critère pour arrêter les calculs.

Dans ce travail, nous avons adopté deux critères qui

permettent de contrôler la convergence :

– la norme résiduelle adimensionnée de l'équation de conservation de la masse R_m :

$$R_m = \frac{\max\left[\left[\left(\rho u^{\cdot}\right)_w - \left(\rho u^{\cdot}\right)_e\right]\Delta y + \left[\left(\rho v^{\cdot}\right)_s - \left(\rho v^{\cdot}\right)_n\right]\Delta x\right]}{\sum\left(\rho \Delta x \Delta y / \Delta t\right)} \leq E_m$$

$$(3\text{-}63)$$

– la norme résiduelle adimensionnée de l'équation de conservation d'énergie $R_{energie}$:

$$R_{energie} = \left(\sum\left[a_p\varphi_p - \left(\sum a_{nb}\varphi_{nb} + b\right)\right]^2\right)^{0,5} \leq E_{energie} \quad (3\text{-}64)$$

Où E_m et $E_{energie}$ correspondent à la tolérance fixée. La valeur de cette tolérance est choisie suivant la précision désirée. Tant que les deux relations ne sont pas satisfaites, le calcul se poursuit.

2.4 Validation du modèle théorique

Afin de valider le modèle numérique proposé, il est nécessaire que les résultats théoriques obtenus confirment les valeurs expérimentales, tant pour le fluide frigoporteur monophasique FFM que pour le diphasique FFD.

2.4.1 Validation pour le fluide frigoporteur monophasique

2.4.1.1 Pertes de pression pour le FFM

Une compagne d'essais a été réalisée pour mesurer les pertes de pression pour le fluide frigoporteur monophasique (eau) en écoulement laminaire dans l'installation à la température ambiante (21 °C). Les résultats expérimentaux sont comparés à la solution numérique calculée avec le modèle et à celle donnée par le modèle de Buckingham (Wasp, 1977).

Le fluide se comporte comme un fluide de Bingham, Buckingham propose la relation suivante entre la perte de charge et la vitesse moyenne $\bar{u}$ du fluide en écoulement laminaire :

$$\frac{\Delta p}{\Delta L} = \frac{16}{3} \frac{\tau_0}{D_h} + \mu_0 \frac{32\bar{u}}{D_h^2} \qquad (3\text{-}65)$$

Où τ_0 est la contrainte seuil de cisaillement du fluide et D_h le diamètre hydraulique du canal.

La Figure 3-7 montre les pertes de pression de l'eau en fonction du nombre de Reynolds.

Les résultats calculés par le modèle sont plus proches des valeurs expérimentales que ceux données par la relation de Buckingham (El boujaddaini et al. (a) ,2010).

L'erreur relative entre les valeurs calculées et les résultats expérimentaux ne dépasse pas 4 %, cependant elle est de l'ordre de 9 % pour le modèle de

Buckingham. Ceci peut être expliqué par le fait que le modèle de Buckingham ne tient pas compte du champ de vitesse dans le canal mais il ne considère que la vitesse moyenne.

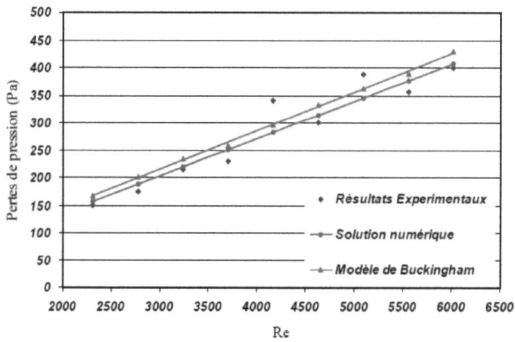

Figure 3-7 : Pertes de pression de l'eau en fonction du nombre de Reynolds

Les pertes de pression passent de 150 Pa pour un débit de 500 kg.h^{-1} (Re=2315) à environ 400 Pa quand le débit atteint 1300 kg.h^{-1}(Re=6020), les pertes de pression sont presque multipliée par 3.

2.4.1.2 Température du FFM au cours de son refroidissement

Parmi les essais réalisés sur le fluide frigoporteur monophasique FFM (eau pure), nous avons sélectionné les résultats obtenus pour trois valeurs de la température de l'alcool T_a= -2 °C, T_a=-4 °C et T_a = -8 °C.

235

Les variations de la température moyenne du fluide à la sortie du canal froid en fonction du temps pour le fluide monophasique peuvent être comparées sur la Figure 3-8 avec les valeurs obtenues par la simulation numérique.

Lors du début du changement de phase pour une température d'alcool Ta= -2 °C par exemple, vers 1600 s environ, l'écart entre valeur calculée et mesurée de la température est presque nulle mais à la fin de la congélation du MCP cet écart atteint 0.5degré, ce qui donne un écart relatif d'environ 3.7%.

À partir de ces résultats, on constate que l'écart maximum entre les valeurs mesurées et celles calculées pour la température moyenne du fluide ne dépasse pas 4 %.

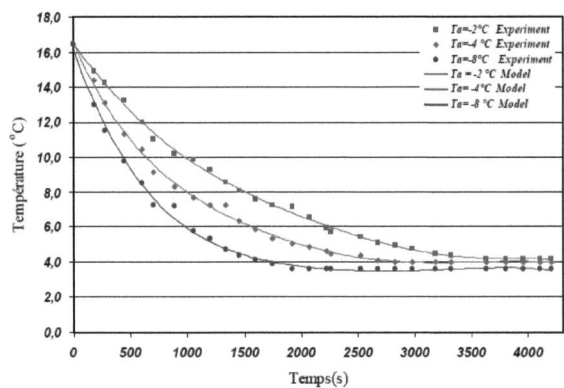

Figure 3-8 : Comparaison entre les valeurs expérimentales et celles issues de la simulation numérique pour la température moyenne du FFM, à la sortie du canal froid

2.4.2 Coefficient d'échange local

Sur la Figure 3-9 sont présentés les résultats expérimentaux et calculés par notre modèle du coefficient d'échange local dans le cas du FFM en écoulement dans le canal froid, pour différents nombres de Reynolds (Re= 793, 1189, 1585, 1983 et 2378).

A partir de ces résultats, on constate que l'écart maximum entre les valeurs mesurées et celles calculées pour le coefficient d'échange local, est d'environ 13 % à x=100 mm et descend jusqu'à 4 % vers la sortie du canal. On peut observer aussi une variation correcte du point de vue qualitatif des valeurs issues de la simulation par rapport à celles déduites de l'expérience. Prenant en compte ces remarques, on peut valider le modèle théorique pour le fluide monophasique.

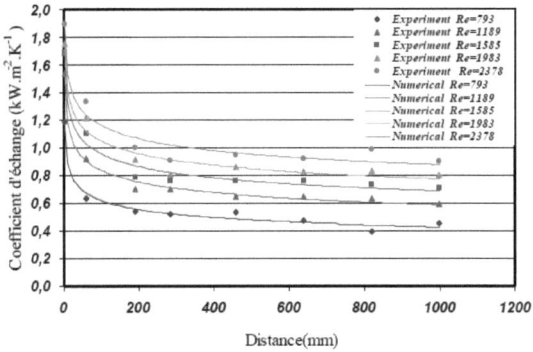

Figure 3-9 : Comparaison entre les valeurs expérimentales et calculées pour le coefficient d'échange local, pour un FFM en écoulement laminaire dans le canal froid

2.4.3 Validation pour le fluide frigoporteur diphasique

2.4.3.1 Pertes de pression pour le FFD

La Figures 3-10 représente les pertes de pression mesurées et calculées, pour des FFD à 0 % (eau), 6 % et 12 % de concentration massique en particules en fonction du nombre de Reynolds. Les essais ont été réalisés pour des nombres de Reynolds allant de 2000 à 6000 et pour un débit d'alcool de l'ordre de 3400 kg.h^{-1} Quand le nombre de Reynolds augmente (le débit augmente) les pertes de pression qui sont proportionnelles au carrée de la vitesse, seront de plus en plus importantes comme il se doit.

Pour un même Reynolds, lorsque la concentration massique en particules augmente la viscosité apparente du fluide augmente ainsi on observe l'augmentation des pertes de pression sur la Figure 3-10.

L'écart maximal entre les valeurs mesurées et celles calculées par le biais du modèle pour les pertes de pression ne dépasse pas 5 %. Les résultats issus de la simulation sont en accord avec les données expérimentales, ce qui confirme la validité du modèle proposé pour étudier le comportement thermohydraulique du coulis de paraffine en écoulement dans un canal rectangulaire simulant un échangeur à plaques.

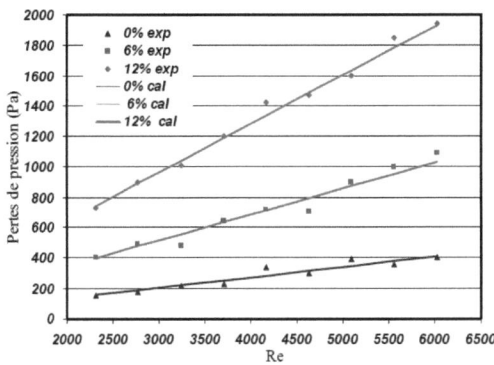

Figure 3-10 : Valeurs expérimentales et calculées
des pertes de pression en fonction du nombre de
Reynolds, pour un FFD (0%, 6% et 12%)
en écoulement dans le canal froid

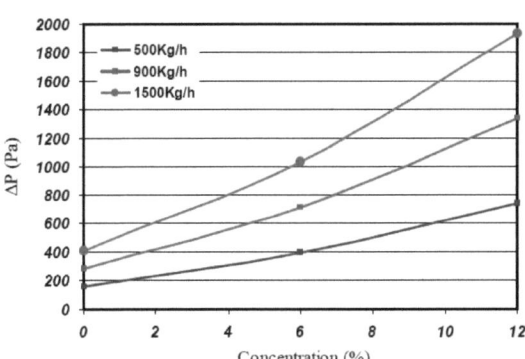

Figure 3-11 : pertes de pression en fonction de la
concentration massique en particules, pour un FFD
en écoulement dans le canal froid pour des débits
massiques de 500, 900 et 1500 kg.h^{-1}

Sur la Figure 3-11 sont représentées les pertes de
pression calculées pour différentes concentrations

massiques en particules de paraffine et pour trois valeurs de débit massique :

500 kg.h^{-1}, 900 kg.h^{-1}et 1500 kg.h^{-1}. Lorsque la concentration et le débit massique augmentent, les pertes de pression deviennent de plus en plus importantes. L'optimisation de la puissance des pompes de mise en circulation des fluides impose un choix judicieux des valeurs de la concentration et du débit massique du FFD dans le canal, Pour le coulis de paraffine à 6 % par exemple, les pertes de pression augmentent deux fois et demi en passant d un débit de 500 kg.h^{-1} à 1500 kg.h^{-1} (El boujaddaini et al. (a) ,2010).

2.4.3.2 Coefficients d'échange locaux pour le FFD

Sur les Figure 3-12 et 3-13 nous avons représenté les valeurs mesurées et calculées des coefficients d'échange locaux pour un coulis de paraffine à 6 % en fraction massique de particules en écoulement laminaire dans le canal froid et le canal chaud, pour différents nombres de Reynolds (El boujaddaini et al. (b) ,2010).

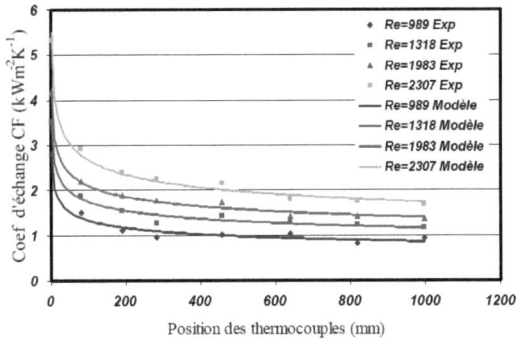

Figure 3-12 : Comparaison entre les valeurs des coefficients d'échange locaux mesurés et calculés pour un coulis à 6 % en fraction massique de particules en écoulement laminaire dans le canal froid CF (température de paroi constante)

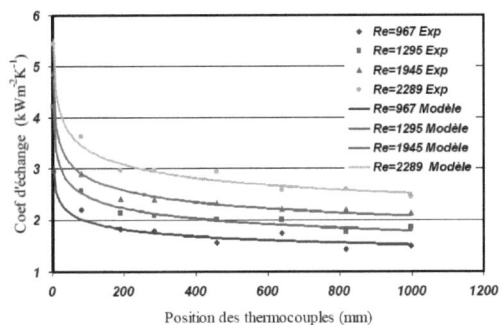

Figure 3-13 : Comparaison entre les valeurs des coefficients d'échange locaux mesurés et calculés pour un coulis à 6 % en fraction massique de particules en écoulement laminaire dans le canal chaud CC (flux surfacique constant)

La comparaison entre les résultats expérimentaux et ceux issus de la simulation nous permet de noter qu'ils sont en bon accord entre eux, l'écart maximum entre les valeurs mesurées et celles calculées par le modèle pour les coefficients d'échange locaux ne dépasse pas 9

241

%.L'erreur est donc relativement faible ce qui nous amène à valider notre modèle.

2.5 Coefficient d'échange moyen

Dans cette partie nous avons calculé le coefficient d'échange moyen pour différentes valeurs de la concentration massique en particules allant de 5 % à 30 % dans un coulis de paraffine en écoulement dans le canal froid CF avec une température de paroi constante égale à $T_a = -10\ ^{\circ}C$ et un débit d'alcool de 3400 kg.h^{-1}, en utilisant le modèle théorique proposé dans ce chapitre. Les calculs ont été faits pour quatre valeurs du nombre de Reynolds(Re = 1045, 1395, 1763 et 2178).

La Figure 3-14 présente l'évolution du coefficient d'échange moyen en fonction de la concentration massique en particules pour différentes valeurs du nombre de Reynolds (El boujaddaini et al. (b) ,2010).

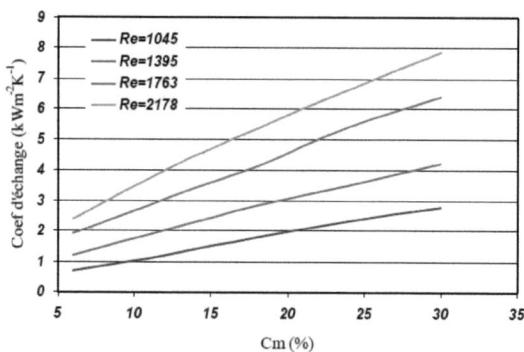

Figure 3-14 : Coefficients d'échanges moyens en fonction de la concentration massique en particules pour différentes valeurs du nombre de Reynolds

Le transfert de chaleur est de plus en plus important pour des coulis à concentration massique élevée et pour des débits considérables. En effet, pour un coulis à 18 % en particules, les transferts de chaleur sont une fois et demi plus importants quand le nombre de Reynolds passe 1045 a 1395 et trois fois plus importants quand Re passe de 1045 à 2178.

Cette simulation permet de conclure qu'un bon échange a lieu pour des concentrations supérieures à 20 % ou le coefficient d'échange dépasse 2 kW.m^{-2}K^{-1}.

2.6 Concentration massique en particules dans un coulis de paraffine en écoulement dans un canal horizontal

A la fin de ce chapitre, nous avons mis l'accent sur l'effet de la pesanteur dans le cas d'un écoulement horizontal. Le modèle hydrodynamique cité dans le paragraphe 2.1 a été utilisé pour déterminer les différents types d'écoulement du coulis de paraffine dans un canal horizontal de section rectangulaire ainsi que la distribution de concentration C_m en fonction de y (voir la Figure 3-2).

2.6.1 Champ de vitesse dans le canal horizontal

Dans le canal horizontal, l'effet du champ de pesanteur sur le coulis génère différents types d'écoulements en fonction de la vitesse moyenne du mélange.

Sur la Figure 3-15 sont présentés les profiles de vitesse du coulis à 6% en particules pour différentes valeurs de la vitesse moyenne. Pour de faibles valeurs de la vitesse moyenne (0.04m/s) nous avons un lit stationnaire. Au fur et à mesure que le débit augmente, l'écoulement avec lit mobile apparaît et ensuite l'écoulement devient hétérogène pour une valeur de l'ordre de 0.8m/s .Nous avons un écoulement presque homogène quand la vitesse moyenne est de 2m/s et le profile de vitesse tend vers une allure parabolique. Les résultats sont pareilles dans le cas d'un coulis a 12% en particules.

2.6.2 Concentration des particules dans le canal

En écoulement horizontal, l'équation de conservation de la phase solide (équation 3-32) où l'effet de la gravite intervient est résolue numériquement et nous donne la distribution $C_m(y)$.

Sur la figure 3-16(El Boujaddaini et al.(a),2010), nous avons représenté la variation de la concentration massique $C_m(y)$ pour cinq valeurs de la vitesse moyenne du FFD (0,004m.s^{-1}, 0,01 m.s^{-1}, 0,8m.s^{-1}, 1,6m.s^{-1} et 2m.s^{-1}) en fonction de la distance adimensionnelle y/b.

Pour une vitesse moyenne de 0,004m.s^{-1} l'écoulement du FFD présente un lit fixe avec une concentration locale en particules de presque 12% dans la partie supérieure du canal. Au fur et à mesure que la vitesse débitante augmente, on voit sur la figure l'apparition d'un lit mobile pour une valeur de 0,01m.s^{-1} et après l'écoulement devient hétérogène quand la vitesse dépasse 0,8m.s^{-1} puis devient homogène pour des vitesses de l'ordre de 2 m.s^{-1}.

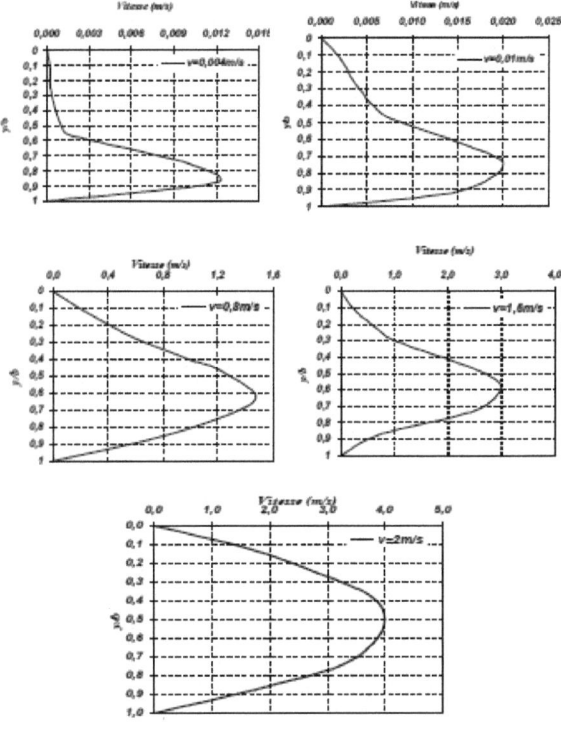

Figure 3-15 : Profile de vitesse d' un coulis de paraffine (concentration moyenne de 6%) en écoulement dans un canal horizontal pour différentes valeurs de la vitesse moyenne d'écoulement

La figure 3-16(El Boujaddaini et al.(a),2010) donne la variation de la concentration massique $C_m(y)$ en fonction de y/b pour les mêmes valeurs précédentes de la vitesse moyenne du FFD.

Les remarques faites sur la distribution de la concentration massique en particules pour un coulis à 6% restent valables dans le cas du FFD à 12% sauf que l'écoulement homogène n'est pas atteint lorsque la vitesse moyenne est de $2m.s^{-1}$ mais pour des vitesses bien supérieures à cette valeur.

Les particules de MCP, sont maintenues dans la partie supérieure du canal, sous l'effet de la gravité (poussée d'Archimède) pour les faibles valeurs de la vitesse (Ayel et al, 2003).

On est en présence de lit stationnaire ou mobile. Au fur et à mesure que la vitesse augmente, la plupart des particules sont attirées dans le courant principal de fluide porteur par les forces de cisaillement et le profil de concentration en particules de paraffine devient hétérogène.

Pour des valeurs plus importantes de la vitesse, la concentration en particules de paraffine atteint une valeur constante dans toute la section du canal qui est la concentration moyenne en particules, l'écoulement devient donc homogène.

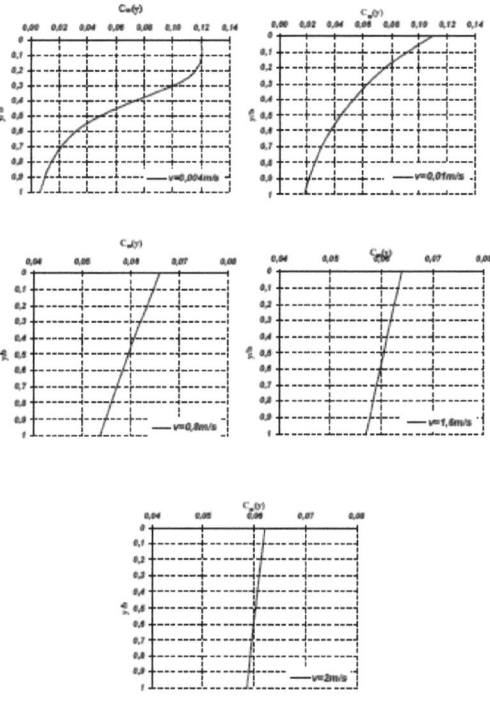

Figure 3-16 : Distribution de la concentration massique en particules pour un coulis de paraffine (concentration moyenne de 6%) en écoulement dans un canal horizontal pour différentes valeurs de la vitesse moyenne d'écoulement

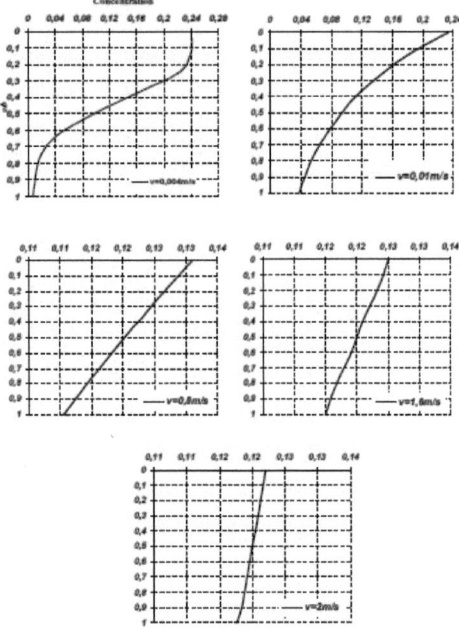

Figure 3-17 : Distribution de la concentration massique en particules pour un coulis de paraffine (concentration moyenne de 12%) en écoulement dans un canal horizontal pour différentes valeurs de la vitesse moyenne d'écoulement

2.7 Conclusion

La présence des particules à changement de phase (particules de gel de paraffine) dans le fluide porteur (eau) a une influence positive sur les échanges thermiques. On note que le modèle théorique confirme les résultats expérimentaux détaillés dans le chapitre 2, et prend bien en compte la nette amélioration du transfert de chaleur au fur et à mesure que la fraction massique en particules solides augmente. De plus, cette augmentation est très importante par rapport au fluide monophasique FFM.

Les résultats de la simulation obtenues avec le modèle nous permettent de conclure qu elles sont en très bon accord qualitatif avec les résultats expérimentaux pour le fluide frigoporteur diphasique FFD, comme pour le fluide frigoporteur monophasique FFM. Du point de vue quantitatif, les valeurs issues du modèle ne sont pas parfaitement superposables avec les valeurs mesurées. Néanmoins, les écarts s'inscrivent dans des limites acceptables. Ainsi, on peut conclure que le modèle proposé peut être utilisé pour prédire le comportement thermique d'un fluide frigoporteur diphasique, en écoulement laminaire dans un échangeur à plaques.

Par ailleurs, il convient de noter que ce modèle peut être adapté à d'autres types de fluides chargés en particules à changement de phase, à températures négatives ou positives, et pour d'autres géométries des canaux telles que les tubes cylindriques par exemple.

REFERENCES BIBLIOGRAPHIQUES

Ayel , V., Lottin , O., Peerhossaini , H. Rheology, flow behaviour and heat transfer of ice slurries: a review of the state of the art. *Int. J. of Refrigeration*, Vol. 26, p. 95-107, 2003

Badea, A. Bazele transferului de căldură şi masă. *Editura Academiei Române*, Bucureşti, 226 p, 2005

Barber, R.W., Emerson, D.R. A numerical study of low Reynolds number slip flow in the hydrodynamic development region of circular and parallel plate ducts. *Deresbury Laboratory Technical Reports*, DL-TR-2000-02, Warrington, Angleterre, 48p, 2000

Bedecarrats, J.P., Dumas, J.P. Etude de la cristallisation de nodules contenant un matériau à changement de phase en vue du stockage par chaleur latente. *Int. J. Heat Mass Transfer*, Vol. 40, p. 149-157, 1996

Bedecarrats, J. P. & Dumas J. P. Etude de la cristallisation de nodules contenant un materiau à changement de phase en vue du stockage par chaleur latente.*Int. J. Heat Mass Transfer*, Vol. 40, (1), pp. 149-157. 1997.
Bedecarrats, J.P., Strub, F., Dumas, J.P., Roset, G. Supercooled ice slurry production. First results from a test plant. *Second IIR Workshop on Ice Slurries,* Paris, France, p. 110-117, mai 2000

Bejan A., Kraus A. D. Heat Transfer Handbook. *Wiley*, 1496 p, 2003

Bel, O., HUNYADI-KISS, I., ZWEIG, S., LALLEMAND, A. Thermal study on an ice-slurry used as refrigerant in a cooling loop. *2ⁿᵈ International Conference on the Use of Non-artificial Substances*, Aarthus, Denmark, p. 507-516, 3-6 sept. 1996 a

Bel, O. Contribution à l'étude du comportement thermo-hydraulique d'un mélange diphasique dans une boucle frigorifique à stockage d'énergie. *Thèse, INSA de Lyon*, France, novembre 1996 b

Bel, O., Lallemand, A. Etude d'un fluide frigoporteur diphasique : 1. Caractéristiques thermophysiques intrinsèques d'un coulis de glace. *Int. J. of Refrigeration*, Vol. 22, p. 164-174, 1999a

Bel, O., Lallemand, A. Étude d'un fluide frigoporteur diphasique: 2. Analyse expérimentale du comportement thermique et rhéologique. *Int. J. of Refrigeration*, Vol. 22, p. 175-187, 1999b

Bellas, J., Chaer, I., Tassou, S.A. Heat transfer and pressure drop of ice slurries in plate heat exchangers. *Applied Thermal Engineering,* Vol. 22, p. 721-732, 2002

Ben Lakhdar, M.A. Comportement thermo-hydraulique d'un fluide frigoporteur diphasique : le coulis de glace. Etude théorique et expérimentale. *Thèse, INSA de Lyon*, France, novembre 1998

Ben Lakhdar, M.A., Guilpart, J., Lallemand, A. Experimental study and calculation method of heat transfer coefficient when using ice slurries as secondary refrigerant. *Int. J. of Heat and Technology*, Vol. 17, p. 49-55, 1999

Calm, J .M. Emissions and environmental impacts from air-conditioning and refrigeration systems.*Int. J. of Refrigeration* , Vol.25, p.293–305, 2002.

Cemagref. Le Cemagref et le développement durable du froid en coulis de glace pour limiter le réchauffement climatique.02 juin, 2004

Charunyakorn, P., Sengupta, S., Roy, S.K. Forced convection heat transfer in microencapsulated phase change material slurries: flow in circular ducts. *Int. J. of Heat and Mass Transfer,* Vol. 34, No. 3, p. 819-833, 1991

Christensen,K.G., Kauffeld ,M. Heat transfer measurements with ice slurry, *International conference of The International Institute of Refrigeration*, 1997.

Choi, E. Cho, Y. I. & Lorsch, H.G. Forced convection heat transfer with phase change material slurries : turbulent flow in a circular duct. *Int. J. Heat Mass Transfer*, Vol. 37, No. 2, pp. 207-215. 1994

Courant, R. , Isaacson, E. and Rees,M. On the solution of nonlinear hyporbolic differential equations by finite differences. *Communications on Pur and Applied Mathematics*, Vol.5 p.243-255, 1952.

Demasles, H. Etude des transferts de chaleur d'un fluide frigoporteur diphasique à changement de phase liquide-solide dans un échangeur à plaques lisses. *Thèse, INSA de Lyon*, France, mai 2002

Doron, P., Barnea, D. Flow pattern maps for solid-liquid flow in pipes. *Int. J. Multiphase Flow*, Vol. 22, No. 2, p. 273-283, 1996

Draoui, A. Contribution a la modélisation des transferts de chaleur couplés par convection naturelle laminaire et rayonnement dans une cavité carrée à haut nombre de Rayleigh, *Thèse, Tétouan*, Maroc, 1991.

Dumas, J.P. Stockage du froid par chaleur latente. *Techniques de l'Ingénieur*, Vol. BE 9775, p. 1-22, 2002

Duminil,M. Fluides intermédiaires frigo et caloporteurs:refroidissement ou chauffage indirect. *Revue Génerale du Froid* , p.30-38,mars 1993

Egolf, P.W., Sari, O. A review from physical properties of ice slurries to industrial ice slurry applications. *Phase Change Materials and Chemical Reactions for Thermal Energy Storage 6th Workshop*, Stockholm, Suède, 22-24 décembre

2000

Egolf, P.W. Les coulis de glace : une technologie prometteuse, *Note technique sur les technologies du froid - IIR*, 2004

Egolf, P.W., Kauffeld, M. From physical properties of ice slurries to industrial ice slurry applications. *Int. J. of Refrigeration*, Vol. 28, p. 4-12, 2005

El Boujaddaini ,M.N., Haberschill ,P. , Mimet, A., On forced convective heat transfer of paraffin slurry in a vertical rectangular channel. *Thermal Issues in Emerging Technologies, ThETA 3, Cairo, Egypt, December 19-22nd 2010*

El Boujaddaini ,M.N., Haberschill ,P. ,Mimet, A., Rheological Behaviour and Concentration Distribution of Paraffin Slurry in Horizontal Rectangular Channel . *Int. J. of Dynamics of Fluids*, Vol. 6,(2), p. 145-160, 2010

Espeau,P., Robles, L., Mondieig, D. , Haget, Y. , Cuevas-Diarte, M.A. and Oonk, H.A.J. Mise au point sur le comportement énergétique et cristallographique des n-alcanes. I. Série de C_8H_{18} à $C_{21}H_{44}$. *Journal de chimie physique*,Vol. 93(7-8) ,p.1217–1238, 1996

Fournaison, L., Guilpart, J. Frigoporteurs monophasiques ou diphasiques ? *Revue Générale du Froid*, Vol. 1001, p. 21-24, 2000

Frei, B., Egolf, P.W. Viscometry applied to the Bingham Substance Ice Slurry. *Proceedings of the Second IIR Workshop on Ice Slurries,* Lucerne, Suisse, p. 48-59, 2000

Frei, B., Boyman, T. Plate heat exchanger operating with ice slurry. *PCM & Slurry: Engineering Conference & Business Forum,* Yverdon-les-Bains, Suisse, p. 153-161, 2003

Garic-Grulovic, R.V., Grbavcic, Z.B., Arsenijevic, Z.L. Heat transfer and flow pattern in vertical liquid-solids flow. *Powder technology*, Vol. 145, p. 163-171, 2004

Gaskell, P. H. and Lau, K. C. Curvature Compensated Convective Transport : Smart, a New Boundedness Preserving Transport Algorithm. *Int. J. Numerical Methods in Fluids.* Vol.8 ,p.617-641, 1988.

Goel, M., Roy, S.K., Sengupta, S. Laminar forced convection heat transfer in microcapsulated phase change material suspensions. *Int. J. Heat Mass Transfer*, Vol. 37, No. 4, p. 593-604, 1994

Guilpart, J., Fournaison, L., Benlakhdar , M.A., Flick , D., Lallemand , A. Experimental study and calculation method of transport caracteristics of ice slurries, *First Workshop on Ice Slurries of the International Institute of Refrigeration*, Yverdon, 27-28 mai 1999

Hansen, T.M., Kauffeld, M. Viscosity of ice slurry. *Second IIR Workshop on Ice Slurries,* Paris, France, 2000

Hasan, A. Thermal energy storage system with stearic acid as phase change material. *Energy. Convers. Mgmt.,* Vol. 35, No. 10, pp. 843-856. 1994

Hu, X., Zhang, Y. Novel insight and numerical analysis of convective heat transfer enhancement with microencapsulated phase change material slurries: laminar flow in a circular tube with constant heat flux. *Int. J. of Heat and Mass Transfer,* Vol. 45, p. 3163-3172, 2002

Huetz, J., Petit, J.P. Notions de transfert thermique par convection. *Techniques de l'Ingénieur,* Vol. A 1 540, p. 1-47, 1990

Ionescu, C., Haberschill , P., Kiss, I., Lallemand, A. Local and global heat transfer coefficients of a stabilised ice slurry in laminar and transitional flows. *Int. J. of Refrigeration*, Vol. 30, p. 970-977, 2007

Inaba, H. & Morita, S. Flow and cold heat-storage characteristics of phase-change emulsion in a coiled double-tube heat exchanger. *Journal of heat transfer*, Vol. 117, pp. 440-446. 1995
Inaba, H. New challenge in advanced thermal energy transportation using functionally thermal fluids. *Int. J. Thermal Sciences*, Vol. 39, p. 991-1003, 2000

Inaba, H., Dai, C., Horibe, A. Natural convection heat transfer of microemulsion phase-change-material slurry in rectangular cavities heated from below and cooled from above. *Int. J. Heat Mass Transfer*, Vol. 46, No. 23, p. 4427-4438, 2003

Inada, T., Zhang, X., Yabe, A., Kozawa, Y. Active control of phase change supercooled water to ice by ultrasonic vibration 2. Generation of ice slurries and effect of bubble nuclei. *Int. J. Heat and Mass Transfer*, Vol. 44, p. 4533-4539, 2001

Issa, R. I. Solution of the implicit discretized fluid flow equations by operator splitting. *Journal of computational physics*,Vol. 62 ,p.40-65, 1986.

Ismail, K.A.R., Radwan, M.M. Effect of axial conduction on the ice crystal growth in laminar falling films. *Int. J. of Refrigeration*, Vol. 22, p. 389-401, 1999

Jacquier, D. Distribution du froid par coulis de glace stabilisée. Etude du comportement sous cyclage thermique. *Diplôme de recherche technologique*, Grenoble, 2004

Kauffeld, M., Kawaji, M., Egolf, P.W. Handbook on Ice Slurries. Fundamentals and Engineering. *International Institute of Refrigeration (IIR)*, 360 p, 2005

Kaushal, D. R., Tomita, Y. Solids concentration profiles and pressure drop in pipeline flow of multisized particulate slurries. *Int. J. Multiphase Flow*, Vol. 28, p. 1697-1717, 2002

Kaushal, D.R., Tomita, Y., Dighade, R.R. Concentration at the pipe bottom at deposition velocity for transportation of commercial slurries through pipeline. *Powder Technology*, Vol. 125, No. 1, p. 89-101, 2002

Kaushal, D. R., Tomita, Y. Comparative study of pressure drop in multisized particulate slurry flow through pipe and rectangular duct. *Int. J. Multiphase Flow*, Vol. 29, p. 1473-1487, 2003

Kawaguchi, Y., Segawa, T., Feng, Z., Li, P. Experimental study on drag-reducing channel flow with surfactant additives – spatial structure of turbulence investigated by PIV system. *Int. J. of Heat and Fluid Flow*, Vol. 23, p. 700-709, 2002

Kim, B. S., Shin, H. T., Lee, Y. P., Jurng, J. Study on ice slurry production by water spray, *Int. J. of Refrigeration*, Vol. 24, p. 176-184, 2001a

Kim, N., El, Y. Hydrodynamic and heat transfer characteristics of glass bead-water flow in a vertical tube. *Desalination*, Vol. 133, p. 233-243, 2001b

Kitanovski, A., Poredos, A. Concentration distribution and viscosity of ice slurry in heterogeneous flow. *Int. J. of Refrigeration*, Vol. 25, p. 827-835, 2002a

Kitanovski, A., Poredos, A. Flow patterns of ice slurry flows. *Fifth IIR Workshop on Ice Slurries*, Stockholm, Suède, 2002b

Kitanovski, A., Vuarnoz, D., Ata-Caesar, D., Egolf, P.W., Hansen, T.M., Doetsch, C. The fluid dynamics of ice slurry. *Int. J. of Refrigeration*, Vol. 28, p. 37-50, 2005

Knodel, B.D., France, D.M., Choi, U.S. Heat transfer and pressure drop in ice-water slurries. *Applied Thermal Engineering*, Vol. 20, p. 671-685, 2000

Kozawa, Y., Aizawa, N., Tanino, M. Study on ice storing characteristics in dynamic-type ice storage system by using super-cooled water. *Proceedings of the Third IIR Workshop on Ice Slurries*, Lucerne, Suisse, p. 87-96, mai 2001

Leca, A., Mladin, E., Stan, M. Transfer de căldură și masă. O abordare inginerească. *Editura Tehnică*, București, 1998

Lee, D.W., Yoon, E.S., Joo, M.C., Sharma, A. Heat transfer characteristics of the ice slurry at melting process in a tube. *Int. J. of Refrigeration*, Vol. 29, p. 451-455, 2006

Leonard, B. P. A table of accurate convective modeling procedure based on Quadratic Upstream Interpolation. *Computer Methods in Applied Mechanics and Engineering*, Vol.19, p.59-95, 1979.

Lide, D.R. *Handbook of chemistry and physics*. 88 edition, 2007–2008

Lottin, O., Epiard, C. Dependence of the thermodynamic properties of ice slurries on the characteristics of marketed antifreezes. *Int. J. of Refrigeration*, Vol. 24, p. 455-467, 2001

Malek,A. La glace binaire comme fluide secondaire, *Revue Pratique du Froid*, No.865,p.26-32, février 1999

Mankad, S., Nixon, K.M., Fryer, P.J. Measurements of particle-liquid heat transfer in systems of varied solids fraction. *J. of Food Engineering*, Vol. 31, p. 9-33, 1997

Marvillet,C., Vidil,R. et Marty,J. Fluides caloporteurs et fluides énergétiques. *Les Techniques de l'Ingénieur*, tome B1,B1200,p.1-

11,1988

Marinhas, S. , Delahaye, A. , Fournaison, L. , Dalmazzone, D., Furst, W. ,and Petitet,J.P. Modelling of the available latent heat of a CO_2 hydrate slurry in an experimental loop applied to secondary refrigeration. *Chemical engineering and processing,* Vol.45(3),p.184–192,2006 a

Marinhas, S. Caractérisation thermohydraulique de coulis d'hydrates de gaz en vue d'une application a la réfrigération secondaire, *Thèse, Université Paris 13-Nord,* France, Décembre 2006 b

Matsumoto, K., Namiki, Y., Okada, M., Kawagoe, T., Nagakawa, S., Kang, C. Continuous ice slurry formation using a functional fluid for ice storage. *Int. J. of Refrigeration,* Vol. 27, p. 73-81, 2004

Meewisse, J.W., Infante Ferreira, C.A. Experiments on fluidised bed ice slurry production. *Proceedings of the Third IIR Workshop on Ice Slurries,* Lucerne, Suisse, p. 105-112, mai 2001

Meewisse, J.W. Fluidized bed ice slurry generator for enhanced secondary cooling systems. *Thèse, Technische Universiteit Delft,* Pays Bas, juin 2004

Mercier, P. Les nouvelles technologies du froid. Clefs C.E.A., 50-51 :152–154, 2004-2005.
Nasr-EL-Din, H., Shook, C.A. and Colwell, J. The lateral variation of solids concentration in horizontal slurry pipelines flow. *Int. J. Multiphase Flow,* Vol. 13 (5), p .661-70,1987

Padet, J. Convection thermique et massique – Nombre de Nusselt : partie 1. *Techniques de l'Ingénieur,* Vol. BE 8 206, p. 1-24, 2005

Patankar, S. V., Spalding, D. B. A calculation procedure for heat mass and momentum transfer in three dimensional parabolic flows. *Int. J. Heat Mass Transfer*, Vol.15, p.1787-1806, 1972

Patankar, S. V. Numerical Heat Transfer and Fluid Flow. *Hemisphere*, New York, 1980.

Patankar, S. V. A calculation procedure for two dimensional elliptic situations. *Numer Heat Transfer*,Vol. 4 ,p.109-425, 1986.

Raithby, G.D. and Schneider, G.E., Elliptic systems: finite difference method II, *Chapter 7 in Handbook of Numerical Heat Transfer, Minkowycz, W.J., Sparrow, E.M., Schneider, G.E. and Pletcher, R.H.* p. 241-292. Wiley, New York, 1988.

Reghem, P. Etude hydrodynamique de fluides diphasiques solide -liquide en conduite circulaire : Application au coulis de glace, *Thèse, Pau,* France, décembre 2002.

Rios-Rojas, C. Etude des propriétés de transferts thermiques des coulis de glace stabilisée. *Thèse, INSA de Lyon*, France, mars 2005

Roy, S.K., Sengupta, S. The melting process within spherical enclosures. *J. Heat Transfer*, Vol. 109, p. 460-462, 1987

Roy, S.K., Avanic, B.L. Turbulent heat transfer with phase change material suspensions. *Int. J. of Heat and Mass Transfer*, Vol. 44, p. 2277-2285, 2001a

Roy, S.K., Avanic, B.L. Laminar forced convection heat transfer with phase change material suspension. *Int. Comm. Heat Mass Transfer*, Vol. 28, No. 7, p. 895-904, 2001b

Royon, L. Réalisation et caractérisation physique, thermique et rhéologique d'un nouveau matériau destiné au stockage d'énergie à basse température. *Thèse, Université Paris VII*, France, octobre 1992

Royon, L., Guiffant, G., Flaud, P. Investigation of heat transfer in a polymeric phase change material for low level heat storage. *Energy Conversion Management*, Vol. 38, p. 517-524, 1997

Royon, L. Qu'est-ce que le "coulis de glace stabilisée". *Revue Générale du Froid*, Vol. 983, p. 57-60, 1998 a

Royon, L., Perrot, P., Guiffant, G., Fraoua, S. Physical properties and thermorheological behaviour of a dispersion having cold latent heat-storage material. *Energy Conversion Management,* Vol. 39, p. 1529-1535, 1998 b

Royon, L., Guiffant, G., Perrot, P. Forced convection heat transfer in a slurry of phase change material in an agitated tank. *Int. Comm. Heat Mass Transfer*, Vol. 27, No. 8, p. 1057-1065, 2000

Royon, L., Perrot, P., Guiffant, G. Transport of cold thermal energy with a slurry as secondary biphasic refrigerant. *Int. J. of Energy Research*, Vol. 25, p. 9-15, 2001

Rozenblit, R., Simkhis, M., Hetsroni, G., Barnea, D., Taitel, Y. Heat transfer in horizontal solid-liquid pipe flow. Int. J. of Multiphase Flow, Vol. 26, p. 1235-1246, 2000

Shin, S., Lee, S.H. Thermal conductivity of suspensions in shear flow fields. *Int. J. of Heat and Mass Transfer*, Vol. 43, p. 4275-4284, 2000

Schrôder, J. et Gawron, K. Latent heat storage. *Energy Research*, Vol. 5, p.103-109, 1981

Spalding, D. B. A novel finite difference formulation for differential expressions involving both first and second derivatives. *International Journal for Numerical Methods in Engineering*, Vol.4, p.551-559, 1972

Stamatiou, E., Kawaji, M., Lee, B., Goldstein, V.

Experimental investigation of ice-slurry flow and heat transfer in a plate-type heat exchanger. *Third Workshop on Ice Slurries of the International Institute of Refrigeration*, Horn/Lucerne, Suisse, 2001

Stamatiou, E., Kawaji, M. Thermal and flow behaviour of ice slurries in a vertical rectangular channel – Part II. Forced convective melting heat transfer. *Int. J. of Heat and Mass Transfer*, Vol. 48, p. 3544-3559, 2005

Trinquet, F Élaboration et caractérisation thermophysique d'un matériau à changement de phase pour la distribution de froid par fluide frigoporteur diphasique *Thèse, Université Paris Diderot - Paris 7*, France, Juin 2008

Van Doormaal, J. P. And Raithby, G. D. Enhancement of the SIMPLE method for predicting incompressible fluid flows. *Numer Heat Transfer*, Vol.7 ,p.147-163, 1984.

Welch, J. E., Harlow, F. H., Shannon, J. P., and Daly, B. J. The MAC method. *Lab. Report* LA-3425, Los Alamos, 1966.

Wijeysundera, N.E., Hawlader, M.N.A., Boon Landy, S.W., Hossain, M.K. Ice-slurry production using direct contact heat transfer. *Int. J. of Refrigeration*, Vol. 27, p. 511-519, 2004

Yamagishi, Y., Takeuchi, H., Pyatenko, A.T., Kayukawa, N. Characteristics of Micoencapsulated PCM slurry as a heat-transfer fluid. *AIChE Journal*, Vol. 45, p. 696-707, 1999

Zaoui, M. ,El Hayek, M. et Henriette, J. H. Comparaison des algorithmes : PISO, SIMPLE, SIMPLER, SIMPLEC pour le traitement du couplage pression-vitesse dans des écoulements a masses volumiques variables. *SFT 96*, p.545-549, 13-15 May, 1996

Zhang, Y., Faghri, A. Analysis of forced convection heat transfer in microencapsulated phase change material suspension. *J. of Thermophysics and Heat Transfer*, Vol. 9, No. 4, p. 727-732, 1995

ZHANG, X., INADA, T., YABE, A., LU, S., KOZAWA, Y. Active control of phase change from supercooled water to ice by ultrasonic vibration 2. Generation of ice slurries and effect of bubble nuclei, *International Journal of Heat and Mass Transfer*, Vol. 44, p. 4533-4539, 2001

Zhang, Y., Hu, X., Hao, Q., Wang, X. Analysis based upon the internal heat source model for the convective heat transfer enhancement of microencapsulated phase change material suspensions with isothermal wall. Proceedings of the ASME/JSME Thermal Engineering Joint Conference, Vol. 6, 2003

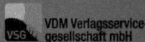